KB073743

재미있는
과학교실
3

원리를 알면
과학이 쉽다

재미있는
과학교실
3

원리를 알면
과학이 쉽다

송은영 지음

새날

원리를 알면 과학이 쉽다 3

2005년 10월 21일 발행

지은이 | 송은영

펴낸이 | 박준기

펴낸곳 | 도서출판 새날

출판 등록 | 1988년 1월 7일   등록 번호 | 제 10-179호

주소 | 서울특별시 관악구 봉천3동 7-186 2층

전화 | 02) 884-8459(대표)   팩스 | 02) 884-8462

값 7,000원

ISBN 89-85726-63-3   44400

ISBN 89-85726-60-9 (전3권)

이 책을 읽는 분들께

여러분!

'과학' 하면 생각나는 것들이 무엇인가요? '골치아프고, 어렵고, 딱딱한 과목이다.' 이런 것들입니까?

맞습니다. 지금까지 여러분들은 잘못된 입시제도 때문에 무턱대고 공식을 외우고, 정답을 외우고, 심지어 문제까지 외워서 시험을 친 사람도 있을 것입니다. 그러니 과학이 어렵고 재미없고 골치아플 수밖에요. 과학이 어디 한두 과목입니까? 물리, 화학, 생물, 지구과학, 등등. 그리고 또 공식이나 법칙은 어떻습니까? 아마 한 과목당 수십, 수백 개씩은 될 것입니다. 이것들을 여러분이 어떻게 다 머리속에 암기할 수 있겠습니까? 아마 아인슈타인이나 에디슨 같은 천재들도 할 수 없을 거예요. 또 공식만 외운다고 문제가 풀어집니까? 생각처럼 안 되지요?

그렇습니다.

그런데 이제 어떻습니까? 입시제도가 올바른 방향으로 개선되어 가고 있습니다. 더불어서 학교 교육도 과거보다는 바람직한 쪽으로 바뀌어지고 있습니다. 이제 과거처럼 교과서 한 권만 무조건 외운다고 공부를 잘하는 시대가 아닙니다. 물론 대학에 가고 시험치기 위해서만 공부하는 것도 아니지요. 앞으로 많은 독서를 통해서 사고력과 응용력을 키우지 않고서는 대학 입시든 사회생활이든 잘할 수 없는 시대가 오고 있습니다.

이 책은 바로 이러한 시대적 흐름에 맞추어 과학과목에 대한 새로운 형태의 읽을거리로 2년에 걸쳐 세 권으로 만들어졌습니다.

• 이 책의 내용과 구성

이 책은 물리, 화학, 생물, 지구과학 등 기초과학 분야에서 골라 뽑은 주요한 내용들을 알기 쉽고 재미있게 소개하고 있습니다.

이 책은 다음과 같이 구성되어 있습니다.

먼저 과학의 전 과목에서 선별한 주요한 내용들을 이해하기 쉽도록 이와 관련된 재미있는 일화나 역사적 사실들을 〈이야기〉형식으로 소개했습니다. 이 〈이야기〉들은 과학자들이 어떻게 생각하고, 어떤 과정을 거쳐 위대한 법칙을 발견하고 혹은 발명했는지를 재미있게 소개하는 내용입니다.

다음으로 〈사고하기〉에서는 앞의 이야기로부터 알아야 할 과학적 내용을 좀더 직접적이고 구체적으로 설명하고 있습니다. 수업시간에 배우는 내용들을 좀더 재미있고 쉽게 이해할 수 있도록 했습니다.

그 다음에는 〈탐구하기〉가 나옵니다. 여기에서는 〈이야기〉와 〈사고하기〉에서 이해하고 배운 지식들을 근거로 해서 만든 응용문제를 자세한 풀이와 함께 실었습니다. 이 문제들은 대입 수학능력시험 문제와 같은 형식으로써 시험에 대한 훈련과 적응능력을 길러 줄 것입니다.

그리고 마지막으로 〈좀더 알아봅시다〉에서는 앞에서 직접적으로 언급하지는 않았지만 관련된 내용들 중 알아 두면 좋은 것들을 정리해 두었습니다.

• 이 책을 읽는 방법

이 책은 폭넓은 독자들을 대상으로 만들었습니다. 중·고등학생뿐 아니라 국민학생 나아가 일반인까지도 읽을 수 있습니다.

먼저 중·고등학생은 가능한 한 모든 항목을 다 읽고 이해할 수 있으면 더 바랄 것이 없습니다. 그렇지만 혹시 어렵다고 느끼는 사람들은 〈이야기〉와 〈사고하기〉만을 읽고 이해해도 학습에 큰 도움이 될 것입니다.

그리고 국민학생들은 〈이야기〉만을 읽고 이해할 수 있어도 과학에 매우 소질이 있는 학생입니다. 자신의 능력에 맞는 부분과 관심있는 내용만 골라 읽어도 좋은 독서가 될 것입니다.

여러분들은 이 책에서 너무 많은 지식을 얻으려고 하지 마세요. 물론 그것도 중요하지만, 그것보다는 우선 과학이 지금까지 생각했던 것처럼 재미없고 어려운 과목이 아니라는 것, 과학은 무조건 외우는 과목이 아니라는 사실을 깨우치는 것만으로도 이 책을 읽는 보람이 있습니다.

머리속으로 외쳐 보세요.

'과학은 재미있고, 쉽다. 그리고 과학은 무조건 외우는 과목이 아니고 생각하면서 이해하는 과목이다!'

끝으로 이 조잡한 원고가 책으로 되어 나오기까지 많은 수고를 아끼지 않은 도서출판 새날 가족 여러분들에게 감사합니다. 그리고 주변의 모든 사람들과 함께 이 조그만 기쁨을 나누고 싶습니다.

지은이

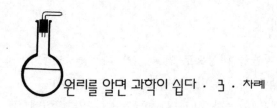

원리를 알면 과학이 쉽다 · 3 · 차례

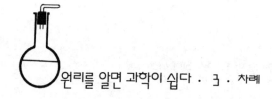

원리를 알면 과학이 쉽다 · 3 · 차례

원리를 알면 과학이 쉽다 / 1권 차례

원리를 알면 과학이 쉽다 / 2권 차례

생명의 신비

인류 최초의 생물학자
— 자연의 탐구 —

 이야기

과학으로서의 생물학을 연구한 인류 최초의 생물학자는 누구일까요?

막연하게 여러 과학자들을 대상으로 따져 보는 것은 그다지 의미가 없습니다.

이 질문에 대답하기 위해서는 먼저 진정한 의미의 과학이란 무엇인지 생각해 보아야 합니다.

그렇다면 진정한 의미의 과학이란 무엇일까요?

어떤 사물이나 현상을 누구나가 납득할 수 있는 객관적이고 체계적인 방법으로 접근하고, 연구하는 것을 말합니다.

이런 의미에서 과학을 정의한다면 최초의 생물학자가 누구인지 쉽게 대답할 수 있을 것입니다.

고대 그리스의 위대한 철학자 아리스토텔레스, 그가 바로 생물학의 문을 연 최초의 사람입니다. 그는 서양의 고대 학문을 체계화시킨 사람으로 지금도 많은 사람들로부터 존경받고 있습니다.

그렇지만 그가 생물학에도 깊은 관심과 풍부한 지식을 가지고 있었다는 사실은 몇몇 사람들 이외에는 잘 모르는 사실입니다.

16

플라톤으로부터 가르침을 받을 때 그는 많은 시간을 내어 메기, 오징어, 문어, 고래 등과 같이 바다나 강에 사는 생물들을 관찰했습니다.

다음은 그가 고래를 관찰할 때 있었던 일화입니다.

어느 날 아리스토텔레스가 그의 제자와 대화를 나누고 있었습니다.

"자네는 고래가 일반 물고기와 같은 종류라고 생각하는가?"

아리스토텔레스는 약간 위엄 있게 말했습니다.

"네, 그렇게 생각합니다."

"왜 그렇게 생각하는가?"

"물고기도 물 속에서 살고 고래도 역시 물 속에서 살지 않습니까! 그리고 외형적인 형태도 비슷하구요."

"나는 그렇게 보아서는 안 된다고 생각하네."

"그러면 스승님께서는 어떻게 생각하고 계신지요?"

아리스토텔레스는 진지하게 대답했습니다.

"나는 고래를 물에 사는 물고기 쪽에 포함시키기보다는 육지에 사는 말이나 소와 같은 동물들 쪽에 포함시켜야 한다고 생각하네."

"잘 이해할 수 없는데요. 왜 그렇게 생각하시는지 자세하게 설명해 주십시오."

"고래가 물을 뿜어댄다는 사실은 자네도 이미 알고 있지? 그것이 무엇을 의미한다고 보는가?"

"잘 모르겠습니다, 스승님."

"잘 생각해 보게나. 그냥 무심코 보아 넘겨서는 아무 것도 얻을 수 없다네."

그래도 제자로부터 별 신통한 반응이 없자, 아리스토텔레스는 그 제자를 데리고 어부에게 갔습니다. 그곳에서는 잡아온 고래를 어부들이 칼로 자르고 있었습니다.

　"자, 고래 뱃속을 한번 유심히 보게나. 자네도 전에 물고기와 소의 내부를 들여다본 경험이 있지 않은가? 어때, 그 모양이 물고기보다는 소와 말에 더 가깝지?"

　아리스토텔레스는 갈라진 고래의 뱃속을 가리키며 말했습니다.

　"정말 그렇군요. 그리고 저기 들어 있는 것은 고래 새끼가 아닙니까?"

　"허허허……."

　무표정하던 아리스토텔레스의 얼굴이 밝아지면서 제자가 대견하다는 듯 말을 이어 나갔습니다.

　"이제야 좀 관찰력이 생기는 것 같구먼. 그래, 자네 말대로 저건 고래 새끼라네. 고래는 자네가 지금 두 눈으로 똑똑히 보고 있듯이 물고기처럼 알을 낳지 않고 소처럼 새끼를 낳는다네."

　"아, 이제야 알겠습니다……."

　이처럼 아리스토텔레스는 자연의 생물들에 대해서 깊은 통찰력을 가지고 있었습니다. 비록 완전한 체계를 갖춘 것은 아니었지만, 그는 뛰어난 통찰력으로 무려 수백여 종에 이르는 생물을 분류했던 것입니다.

　그러나 시대적인 한계가 있었기 때문에 그가 모든 자연 현상을 완벽하게 설명해 낼 수는 없었습니다. 그래서 그는 후세에 지대한 영향을 끼친 물리학이나 천문학 분야에서 업적도 물론 있었지만 많은 오류를 범하였고, 이는 생물학에서도 마찬가지였습니다.

그렇지만 위의 일화에서 알 수 있듯이 그는 자연을 대하고 이해할 때 합리적이고 과학적인 방법을 택했습니다. 그래서 그는 아직도 위대한 학자와 사상가로 기억되고 있는 것입니다.

그는 이런 말을 남겼습니다.

"나는 그 어떤 생각이 아무리 마음에 든다고 할지라도, 만약 그 생각에 비과학적인 부분이 발견된다면 언제라도 그 생각을 버릴 만반의 준비가 되어 있다."

 사고하기

과학이 자연의 신비를 파헤치는 학문이라면 과학자는 이런 일을 하는 사람이라고 할 수 있습니다.

그렇다고 해서 과학자가 하는 일 속에 신비스러움이나 특별한 것이 숨겨져 있는 것은 결코 아닙니다. 과학자는 단지 자연의 본질을 파헤치기 위해서 합리적이고도 객관적인 탐구 방법을 거기에 적용해 나갈 뿐입니다.

그렇다면 자연 과학의 본질이란 무엇일까요?

한마디로 말해서 자연 과학이란 자연계 내에서 다양하게 일어나고 있는 자연 현상의 원인을 분석해 내는 학문입니다. 그리고 더 나아가서는 그 원인들 사이에 보편적인 법칙이 존재하는지의 여부를 밝히는 학문입니다.

자연 과학은 크게 두 가지로 분류되는데, 물질과 그의 변화를 주된 연구 대상으로 하는 물질 과학과, 생명체의 생명 현상을 그 주된 연구 대상으로 하는 생명 과학이 그것입니다.

그렇지만 이런 분류도 과학이 발달하고 전문화됨에 따라서 서서히 무너져 가고 있습니다. 물리학이나 화학과 같은 물질 과학이 생명 현상의 근원적인 문제를 다루는 생물학 등의 분야에서 크게 공헌하고 있는 것이 하나의 예라고 할 수 있습니다. 그렇지만 그것이 생명 과학이건 물질 과학이건 간에 신비를 파헤쳐 가는 탐구 과정은 똑같습니다.

그러면 그 탐구 과정을 한번 알아보도록 합시다.

과학자는 보통 사람들이 무심코 흘려 버릴 수도 있는 여러 가지의 다양한 자연 현상을 놓치지 않고 관찰합니다. 그리고 이로부터 자신이 파헤쳐야만 할 문제가 무엇인지 깨닫게 됩니다.

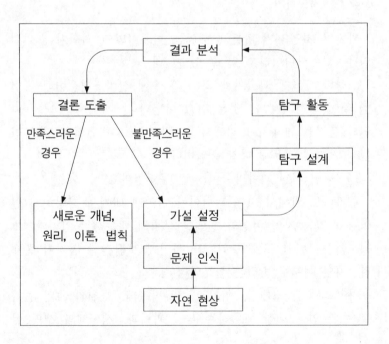

그러면서 과학자는 문제를 풀어 나가기 위한 시도를 하게 되는데, 이 때 반드시 필요한 것이 가설을 세우는 일입니다. 가설은 말 그대로 아직 증명되지 않은 이론입니다. 그렇다고 가설을 마구잡이식으로 세워서는 안 되고, 어디까지나 문제의 해결을 위한 근거 위에서 세워져야 합니다.

일단 가설이 세워지고 나면 이를 증명하기 위한 여러 가지 절차를 밟습니다. 예를 들면 광합성 작용이 모든 식물에게 공통된 것이라면 장미꽃을 근거로 해서 만들어진 광합성에 대한 가설은 다른 모든 식물에게도 동일하게 적용되어야 할 것입니다.

아무튼 이렇게 해서 세워진 가설은 조작, 관찰, 측정, 분류, 기록, 추론, 상관 관계, 인과 관계, 예측, 수정, 보완 등을 통해서 분석됩니다. 그리고 이로부터 얻어진 최종 결과를 종합하고, 이것의 적용 범위를 넓히기 위해서 개념을 일반화시킵니다.

간단하게 살펴보았지만 이상이 자연의 본질을 탐구해 나가는 과정이라고 할 수 있습니다.

이제 생명 과학에 관련된 현상을 그 예로 들면서 간략하게나마 탐구 과정을 살펴보고자 합니다.

한 농부가 몇 년에 걸쳐서 온실에서 담배를 재배했습니다. 그 과정에서 그는 이상한 현상을 발견하게 되었습니다. 봄에 심은 담배는 여름에 꽃을 피우지만, 가을에 심은 담배는 겨울에 꽃을 피우지 못하는 것이었습니다.

'왜 이런 현상이 일어나는 것일까', 농부는 매우 궁금했습니다. 그는 이 의문을 풀기 위해 먼저 관련 자료를 모으기 시작했습니다. 그리고 나서 이 현상을 설명해 줄 수 있는 가설

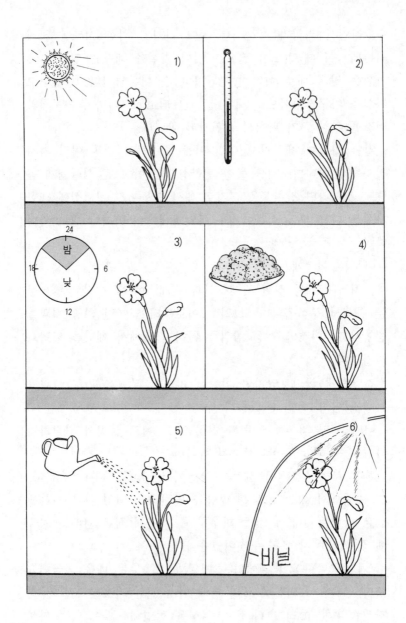

1)

2)

3)

4)

5)

6) 비날

22

을 설정하였습니다. 농부가 설정한 가설은 무엇이었을까요?
이를테면 다음과 같은 것이 그 예가 될 수 있을 것입니다.

1) 담배가 꽃을 피우는 현상은 햇빛의 세기에 영향을 받는
   다.
2) 담배가 꽃을 피우는 현상은 온도에 영향을 받는다.
3) 담배가 꽃을 피우는 현상은 낮의 길이에 영향을 받는
   다.
4) 담배가 꽃을 피우는 현상은 땅의 색에 영향을 받는다.
5) 담배가 꽃을 피우는 현상은 습도의 영향을 받는다.
6) 담배가 꽃을 피우는 현상은 온실을 덮는 비닐의 종류에
   영향을 받는다.

　 가설을 세우다 보면 4)번과 6)번처럼 얼토당토않은 것들도
만들어질 수 있습니다. 이런 실수를 하지 않기 위해서는 냉철
한 판단력과 명확한 분석력이 요구됩니다. 물론 이런 능력이
하루아침에 생겨나는 것은 아닙니다. 여기에는 반드시 꾸준한
노력이 뒤따라야 할 것입니다.
　 일단 가설이 정해졌으면 그것이 옳은지 그른지 검증해야 합
니다. 가설을 검증하기 위한 가장 확실한 방법은 실험입니다.
가설에 기초해서 계획된 실험이 똑같은 현상을 나타낸다면 그
가설은 옳은 것이고, 그렇지 않으면 잘못된 가설일 것입니다.
　 두 그루의 담배를 준비해서 햇빛, 온도, 습도의 세기와 낮
의 길이를 변화시켜 보았습니다. 즉 하나는 햇빛, 온도, 습도
의 세기와 낮의 길이를 상대적으로 약하고 짧게 한 반면, 다
른 하나는 햇빛, 온도, 습도의 세기와 낮의 길이를 상대적으
로 강하고 길게 했습니다. 그랬더니 낮의 길이를 변화시킨 담

배에서만 꽃이 피거나 피지 않는 현상이 나타났습니다.

그렇다면 이 현상으로부터 어떠한 결론을 얻을 수 있을까요?

담배가 꽃을 피우느냐 못 피우느냐의 문제는 햇빛, 온도, 습도와는 전혀 관계가 없고 낮의 길이에만 관계가 있다는 사실을 알 수 있습니다.

이제 남은 것은 이렇게 해서 얻은 결론을 일반화시키는 것입니다. 다시 말하면 이 현상을 꼭 담배라는 특별한 식물에만 적용시키지 말고 다른 모든 식물에도 적용시키는 것입니다.

과학자들은 이것을 다른 식물에 적용시킨 결과 장일 식물과 단일 식물을 분류해 내는 성과를 얻었습니다. 즉 식물들 중에는 낮의 길이가 길어야만 꽃을 피우는 식물과 낮의 길이가 짧아야만 꽃을 피우는 식물이 있다는 사실을 발견했습니다. 여기에서 낮의 길이가 길어야만 꽃을 피우는 식물을 장일 식물, 낮의 길이가 짧아야만 꽃을 피우는 식물을 단일 식물이라고 했습니다.

 탐구하기

문 싸리골 마을에는 젖소 목장이 두 곳 있습니다. 하나는 인한이네 것이고, 또 하나는 인섭이네 것입니다. 이 두 목장은 크기도 비슷하고 같은 종류의 젖소를 비슷한 방식으로 기르고 있을 뿐 아니라 사료로 주는 풀도 똑같습니다.

인한이네 목장에서는 서쪽 계곡에서 흐르는 개울물을 소에게 먹이고 있으며, 인섭이네는 동쪽 계곡에서 나오는 옹달샘 물을 소에게 먹입니다.

그런데 인한이네 젖소는 매우 건강하게 자라는 반면, 인섭이네 젖소는 건강하게 자라지 못해 우유도 제대로 공급하지 못하고 있습니다.

　그러면 이 이야기로부터 추론해 볼 때 인섭이네가 가장 먼저 확인해 보아야 할 문제는 무엇일까요?

　ㄱ) 두 목장의 젖소에서 얻어낼 수 있는 각각의 총 우유 생산량이 어느 정도인지 정확하게 계산해야 한다.

　ㄴ) 사료에 이상이 있는지 확인해야 한다.

　ㄷ) 옹달샘 물을 분석해 보아야 한다.

　ㄹ) 기온과 습도를 측정해 보아야 한다.

　답 두 목장의 여러 조건들 중에서 나머지는 거의 비슷하거나 똑같은 데 비해, 젖소가 먹는 물이 서로 다릅니다. 그리고 ㄱ)은 젖소가 허약하기 때문에 일어나는 결과이지 원인은 아닙니다. 따라서 정답은 ㄷ)입니다.

　문 인섭이네는 가족 회의를 열어 이 원인을 밝히기로 결정하고 연구소에 실험을 의뢰했습니다. 실험 결과 인섭이네 목장에서 기르는 젖소의 상태는 철의 결핍 증상과 비슷하다는 사실이 밝혀졌습니다.

　그래서 연구소에서는 다음과 같은 실험을 해 보았습니다.

　인섭이네 젖소가 먹던 풀에 철 성분을 다량 섞어 젖소에게 먹였습니다. 그러나 인섭이네 젖소의 건강은 나아지지 않았습니다.

　그렇다면 이 연구소는 어떤 가설을 세워 놓고 실험을 한 것일까요?

ㄱ) 인섭이네 젖소에게 주는 풀에는 나쁜 철 성분이 있을 것이다.

ㄴ) 젖소에게 주는 사료에 철 원소가 부족하면 젖소로부터 얻어낼 우유의 양은 적어진다.

ㄷ) 인섭이네 젖소가 허약한 이유는 철 원소가 부족하기 때문이다.

ㄹ) 인섭이네가 젖소에게 주는 사료는 젖소 건강에 좋지 않은 것이다.

ㅁ) 철 원소는 젖소의 건강과는 전혀 관계없다.

답 문제의 핵심은 젖소가 허약한 원인을 찾아내는 것입니다. 그런데 실험 결과 철의 성분이 부족할 때 나타나는 증상과 유사했습니다. 그래서 연구소에서는 젖소의 먹이에 철이 부족할 것이라고 가정했을 것입니다. 따라서 정답은 ㄷ)입니다.

● **좀더 알아봅시다**

과학이라는 학문은 실험과 이론이 항상 함께 해야 합니다. 책상 앞에 앉아서 이론적인 연구만 하는 과학자는 올바른 과학자라고 할 수 없습니다.

그가 연구한 이론이 아무리 훌륭한 것이라고 할지라도 그 결과들이 실험적인 결과와 일치하지 않는다면 그것은 단지 공염불에 지나지 않기 때문이죠. 그것은 절대로 과학이 아닙니다. 그것은 단지 한 개인에 의해서 심심풀이로 진행된 독단적인 작업에 불과할 뿐입니다.

그렇다고 실험적인 면만을 너무 강조한 나머지 이론적인 면을 완전히 무시하였다면 그 또한 올바른 과학이라고 할 수 없을 것입니다.

결론적으로 과학에는 수학을 활용한 이론적인 측면과 실험 대상을 가지고 이렇게도 해 보고 저렇게도 해 보는 실험적인 측면이 잘 어우러져야 하는 것입니다.

이렇게 작은 방이
— 세포의 구조와 기능 —

 이야기

  생물학의 연구에 큰 변화를 가져오게 한 기기 중의 하나는 현미경입니다.

  현미경이 발명됨에 따라, 그 이전까지는 사람의 눈으로 도저히 볼 수 없었던 아주 작은 세계를 볼 수 있게 되었습니다. 그리고 이를 통해 그 당시까지는 알 수 없었던 신비스러운 생명의 비밀이 한 꺼풀씩 벗겨지게 되었습니다.

  이 당시 현미경은 과학자들의 꿈이었습니다. 이 꿈에는 두 가지가 있었습니다.

  하나는 현미경이 보다 밝은 미래를 열어 줄 수 있는 실험 도구로서 큰 역할을 해줄 것이라는 기대였으며, 다른 하나는 성능이 뛰어난 현미경을 갖는 것이었습니다.

  현미경은 이미 17세기 초반부터 사용되기 시작했습니다. 기록에 의하면, 1610년경 갈릴레이는 자신이 만든 현미경을 사용해 곤충의 눈을 관찰했다고 합니다.

  그 후 영국의 훅에 의해서 생물학의 역사에 영원히 남을 대단한 발견이 이루어지게 됩니다. 성능이 뛰어난 현미경을 무척 갖고 싶어했던 그는 직접 렌즈를 갈고 닦아 결국 배율이 높고 선명도가 뛰어난 현미경을 갖게 되었습니다. 그리고 이것을 이용해서 작은 곤충이나 식물을 관찰했습니다.

그러던 어느 날 코르크를 관찰하고 있던 그의 눈에 작은 방 같은 것이 보였습니다. 그는 이것을 좀더 세밀히 관찰했습니다. 코르크에는 마치 벌집 같은 모양의 작은 구멍들이 다닥다닥 붙어 있었습니다. 훅은 이 세포가 마치 작은 방처럼 생겼다고 해서 '셀'(cell, 영어로 방을 의미함)이라고 불렀습니다.

그의 의문은 계속 이어졌습니다.

'이런 종류의 아주 작은 방은 코르크에만 있는 것일까? 아니야, 코르크에만 있을 리가 없어.'

훅은 의문을 풀기 위해 다른 식물들을 현미경으로 보고 또 보았습니다. 역시 예상했던 대로 다른 식물에도 이런 종류의 방이 있었습니다.

이렇게 해서 세포의 세계는 드디어 인간의 눈에 그 신비의 모습을 드러내게 됩니다.

 사고하기

생명이란 무엇일까요?

이 물음에 답하기란 그리 쉬운 일이 아닙니다. 왜냐하면 눈에 보이지도 않는 작은 하나하나의 세포들에 의해서 만들어지는 각각의 기능들이 종합되어 생명 활동이 이루어지기 때문입니다.

생명체의 신체 조직의 일부를 현미경으로 관찰하면 세포로 이루어져 있음을 알 수 있습니다. 이들이 얽혀서 조직이 만들어지고, 조직이 모여 신장이나 간, 허파와 같은 신체 기관을 만듭니다.

신체 기관이 완성된 생명체는 생명을 추구해 나가기 위해 자신을 둘러싸고 있는 외부 환경과 끊임없이 물질 교환을 하게 됩니다. 숨을 쉬고 먹고 마시고 소화시켜 배설하는 일. 이것이 외부 환경과의 물질 교환인 것입니다. 생명체라면 예외 없이 외부 환경으로부터 물질을 섭취하고 배출하는 일을 해야만 생명을 유지해 나갈 수 있습니다.

이런 과정이 이루어지기 위해서는 생명체의 몸 속에서 물질의 순환이 있어야만 하는데 이것을 물질의 대사라고 합니다.

모든 생명체는 언젠가는 반드시 죽게 됩니다.

그렇지만 생식이라는 활동에 의해서 생명체는 오랜 세월 동안 그 명맥을 유지해 나가고 있습니다. 생식이란 생명체가 자신의 복사체를 만들어 종족을 보존하는 활동을 말하는 것입니다. 물론 복사체를 만들어 내는 방법은 생명체의 특성에 따라 다양합니다.

예를 들면 줄기를 수평으로 뻗으면서 그 위에 새끼 식물을 만들어 내는 딸기처럼 부모 중 어느 한쪽만이 생식에 관계하는 경우가 있고, 호랑이처럼 암수 모두가 생식에 관계하는 경우도 있습니다. 이 때 앞의 경우를 무성 생식, 뒤의 경우를 유성 생식이라고 합니다. 유성 생식이 무성 생식보다 더 고등한 생식 방법입니다.

생명체가 주위로부터 빛, 소리, 냄새 등과 같은 자극을 받으면 생명체는 눈이나 귀, 코와 같은 감각 기관을 통해서 반응하게 됩니다. 생명체가 이런 외부 자극에 조화 있게 대처할 수 있는 것은 생명체 내부에 들어 있는 신경계와 호르몬 때문입니다. 이것들에 의해서 생명체는 주위의 자극에 대해 효과적으로 대처할 수 있는 것이죠.

같은 종일지라도 생명체의 모양은 아주 오랜 세월을 거치면서 변합니다. 다시 말하면 비록 부모가 자식을 만들어 낼 때 아주 유사하게 복제해 내기는 하지만 많은 세대를 거치고 나면 새로운 형질이 후손에게 나타나게 됩니다. 이것을 진화라고 합니다.

지금까지 생명체의 가장 기본적인 사항들을 살펴보았습니다. 이제부터는 좀더 자세히 각 부분에 대해 공부해 보도록 합시다.

지구상에 살고 있는 대부분의 생물은 다세포로 이루어져 있습니다. 사람의 경우 약 60조 개의 세포로 이루어져 있습니다. 엄청난 숫자죠.

이와 같이 많은 세포들이 생명체를 구성하고 있지만 세포 하나하나만으로는 아무 것도 할 수 없다고 해도 과언이 아닙니다. 왜냐하면 세포 하나로는 생명체가 삶을 영위해 나가는 모든 기능을 수행할 수 없기 때문입니다. 즉 세포는 다른 종류의 여러 세포들과 함께 어우러져야만 제대로 기능할 수 있는 것입니다.

예를 들면 인간의 신경 세포는 전기적 신호를 빠르게 전달해 주는데, 이것은 적혈구의 도움 때문에 가능합니다. 만약 몸 속 구석구석까지 산소를 운반해 주는 적혈구가 없다면 산소 결핍으로 신경 세포는 살 수 없을 것입니다.

세포의 형태는 매우 다양하며 그 각각의 세포마다 주어진 역할이 있습니다.

세포는 크게 원형질과 후형질로 구분합니다. 원형질이란 세포의 생명 활동이 활발하게 이루어지고 있는 부분으로 핵과 세포질로 구분됩니다. 그리고 후형질이란 세포의 생명 활동의

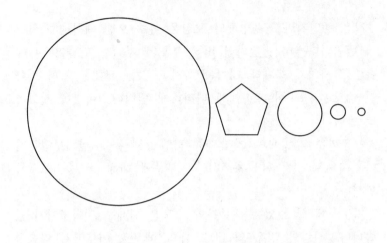

인간의   인간의   인간의 인간의 대장균
난세포   간세포   백혈구 적혈구

인간 세포의 상대적인 크기

결과로써 만들어지거나 축적된 물질을 말합니다.

핵은 그야말로 생명의 핵심이라고 볼 수 있는 곳입니다. 핵은 공 모양을 하고 있으며 두 겹의 핵막으로 둘러싸여 있습니다. 핵막은 완전히 막혀 있는 것이 아니라 군데군데 구멍이 뚫려 있는데 이것을 핵공이라고 합니다. 핵공의 크기는 상상 밖으로 커서 단백질도 드나들 수 있을 정도입니다.

핵 내부에는 한 개 또는 몇 개의 인과 염색질이 들어 있습니다. 염색질은 핵이 분열할 때 굵어지고 짧아져서 염색체로 되는데 그 속에 신비스러운 유전자가 들어 있습니다.

유전자가 얼마나 중요한 것인지는 여러분들 모두 잘 알고 있을 것입니다. 유전 공학에 의해서 모든 질병이 완치되는 시대가 먼 미래의 일은 아닐 것입니다.

세포질이란 핵을 제외한 세포 안의 모든 것을 가리킵니다.

세포질 내부는 미토콘드리아, 골지체, 중심체, 엽록체, 세포막 등의 여러 세포 기관이 복잡하게 어우러져 있습니다.

세포질 내부에는 기다란 타원형의 막대 모양을 하고 있는 것이 있는데 이것이 미토콘드리아입니다. 미토콘드리아는 바깥쪽과 안쪽에 두 겹의 막으로 싸여 있으며, 이곳에는 호흡에 관계되는 여러 효소가 들어 있습니다.

여기에서 말하는 호흡이란 몸 속으로 섭취된 영양분이 미토콘드리아 내부에 있는 효소들에 의해서 에너지로 변환되는 것입니다. 즉 에너지를 축적해 놓는다는 의미의 호흡입니다.

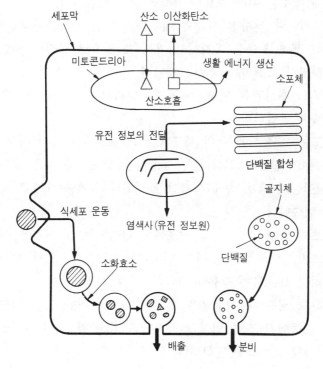

세포의 요소와 기능

세포질 내에는 평평한 더미가 여러 장 겹쳐서 주머니 모양을 하고 있는 것이 있는데 이것을 골지체라고 합니다. 골지체의 주요 작용은 물질을 저장하거나 분비하는 일입니다.

세포질 내에는 동물 세포에서 주로 관찰되는 것(중심체)과 식물 세포에서만 관찰되는 것(엽록체)이 있습니다.

중심체는 두 개의 중심립으로 구성되어 있으며 세포가 분열할 때 방추체를 만듭니다.

엽록체는 두 겹의 막으로 이루어져 있는데 여기에 엽록소가 들어 있습니다. 엽록소는 식물들이 광합성을 하여 생명을 유지하게 해주는 아주 중요한 역할을 하고 있습니다.

세포막이란 원형질 전체를 에워싸고 있는 막으로서 이것은 세포가 생명 활동을 유지해 나가는 데 필요한 물질의 출입을 통제하거나 조절하는 작용을 합니다.

세포의 후형질은 액포, 세포벽, 그리고 세포 내에 함유된 물질들을 말합니다.

액포는 액체로 가득 찬 세포 내 기관으로서 성숙한 식물 세포에 주로 발달해 있습니다. 액포막은 세포막과 매우 흡사하게 생겼는데 액포 속에는 영양 물질이나 노폐물이 주로 보관되어 있습니다.

세포벽 또한 주로 식물 세포에서 관찰되는데, 이것은 셀룰로오스가 그 주성분인 매우 단단하고 질긴 벽으로서 세포를 지지하고 보호하는 작용을 합니다.

그리고 세포 내 함유물은 세포 내에서 일어난 물질 대사의 결과 만들어진 전분 입자나 유지방과 같은 저장 양분과 탄산 칼슘 등의 노폐물을 말합니다.

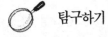
문 생명체의 물질 대사 현상을 간략하게 나타내면 다음과 같습니다.

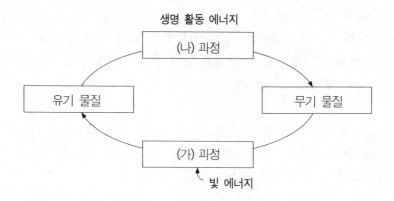

그렇다면 다음 중에서 가장 타당하지 않은 설명은 어느 것일까요?

ㄱ) (가)의 과정은 스스로 에너지를 얻는 생물에게서만 볼 수 있다.

ㄴ) (나)의 과정은 식물이나 다른 동물을 먹는 종속 영양 생물에게서만 볼 수 있다.

ㄷ) (가)의 과정은 물질을 합성하는 과정이다.

ㄹ) (나)의 과정은 물질을 분해하는 과정이다.

ㅁ) (가)의 과정은 광합성 작용을 하는 식물에게서만 일어난다.

답 (가)의 과정은 녹색 식물이 이산화탄소(CO_2)나 물(H_2O)과 같은 무기 물질에 빛 에너지를 이용해서 유기 물질을

합성해 내는 과정입니다. 이것을 동화 과정 또는 광합성 과정
이라고 하며 식물에서만 일어납니다.

그리고 (나)의 과정은 동물과 식물이 호흡을 통해서 유기물
을 분해하는 과정입니다. 이것을 이화 과정 또는 호흡이라고
합니다.

그러니 (나)의 과정이 식물이나 다른 동물을 먹는 종속 영
양 생물에게서만 볼 수 있다고 하는 것은 타당하지 못합니다.
따라서 정답은 ㄴ)입니다.

문 혜원이는 세포를 관찰하다가 미토콘드리아를 제거시켜
보았습니다. 그 결과 세포에서 가장 먼저 일어나는 변화
는 다음 중 어느 것이겠습니까?

ㄱ) 유기물을 합성해 내는 세포의 기능이 크게 줄어든다.
ㄴ) 세포의 확산 기능이 장애를 받는다.
ㄷ) 에너지를 발생시키는 세포의 기능이 감소된다.
ㄹ) 생식에 관계된 세포의 기능이 파괴된다.
ㅁ) 유전 물질이 사라진다.

답 유기물을 합성해 내는 세포의 장소는 엽록체, 세포의 생
명 활동에 필요한 물질의 출입을 제어하고 조절하는 것
은 세포막, 생활 에너지를 발생시키는 세포의 장소는 미토콘
드리아입니다.

그리고 유전 물질, 즉 DNA는 핵 속의 염색질 안에 들어
있는데, 이 DNA는 세포의 물질 대사나 증식 등과 같은 생명
활동을 조절합니다. 따라서 미토콘드리아를 제거하면 에너지
를 발생시키는 세포의 기능이 감소되리라는 사실을 예상할 수

있겠죠. 따라서 정답은 ㄷ)입니다.

● 좀더 알아봅시다

식물의 조직과 기관에 대해서 간략하게나마 알아보도록 합시다.

식물은 세포—조직—조직계—기관—개체라는 구성 체제로 이루어져 있습니다.

동물은 세포—조직—기관—기관계—개체라는 구성 체제로 이루어져 있습니다.

식물의 조직에는 크게 분열 조직과 영구 조직이 있습니다.

분열 조직은 분열 능력이 왕성한 세포로 이루어진 조직으로, 여기에 있는 세포들은 작으면서 원형질을 풍부하게 갖고 있습니다.

영구 조직은 분열 능력이 없는 세포로 구성된 조직으로 이것은 다시 표피 조직, 유조직, 기계 조직, 통도 조직으로 나누어집니다.

표피 조직은 식물의 표면을 덮어 내부를 보호하는 조직이고, 유조직은 물질 대사가 왕성한 세포로 구성된 조직으로서 광합성이나 양분의 저장, 물질의 분비와 같은 기능을 수행합니다. 그리고 기계 조직은 세포벽이 단단하고 두꺼운 세포로 구성된 조직으로 식물을 견고하게 지탱해 주는 작용을 하고, 통도 조직은 가늘고 긴 세포로 이루어진 조직으로서 물과 양분의 통로 구실을 합니다.

동물의 조직에는 상피 조직, 결합 조직, 근육 조직, 신경 조직이 있습니다.

상피 조직은 신체의 표면이나 소화관 등의 내면을 덮고 있

는 조직이고, 결합 조직은 조직이나 기관을 결합시키고 지지
해 주는 조직입니다. 그리고 근육 조직은 수축성이 있는 가늘
고 긴 근섬유로 이루어진 조직이고, 신경 조직은 자극에 대한
흥분을 전달해 주는 뉴런으로 구성되어 있는 조직입니다.

왜 물만 주면 싱싱해질까

— 삼투압 —

 이야기

19세기 후반 독일의 과학자 빌헬름 페퍼는 대학의 식물 생리학 연구실에서 몇 가지 의미있는 실험을 계획하고 있었습니다.

오늘날 시든 식물에게 물을 공급해 주면 원기를 회복한다는 사실을 모르는 사람은 없습니다. 물론 이 당시의 사람들도 경험적으로는 이것을 알고 있었습니다. 그렇지만 이것의 원인에 대해서 명확하게 설명할 수 있는 사람은 없었습니다.

'식물의 세포가 물을 흡수하는 것은 분명한데……. 그렇다면 식물은 어떻게 해서 물을 흡수하는 것일까? 내가 생각하기로는 어떤 힘에 의해서 물이 흡수되는 것 같은데.'

페퍼의 실험은 이 의문을 풀기 위해 계획됐던 것입니다. 그는 식물이 시들도록 내버려 둔 다음 몇 개의 가지에는 물을 공급해 주고 나머지 가지에는 물을 공급해 주지 않았습니다. 그리고 나서는 시들어 말라비틀어진 가지와 물을 흡수해 생기를 되찾은 가지의 세포 성분을 조사했습니다.

며칠 후에 나온 결과는 실망스러웠습니다. 시든 가지와 생기를 되찾은 가지의 세포 성분 사이에 별다른 차이가 발견되지 않았던 것입니다. 단지 생기를 되찾은 가지가 시든 가지보

다 물을 좀더 많이 포함하고 있다는 사실만이 다를 뿐이었습니다.

페퍼는 다시 궁리하기 시작했습니다.

'시든 가지와 생기를 되찾은 가지의 세포 사이에 별 차이가 없다면 물이 결정적인 구실을 하는 것은 확실한데, 그렇다면 물이 세포막을 통과해서 세포 속으로 들어가는 것이 아니란 말인가? 어떤 원인에 의해서 이런 현상이 일어나는 것일까? 세포막은 특수한 성질을 가지고 있는 것이 아닐까?'

페퍼는 여러 개의 동물 세포막과 유리관을 준비하여 물에 적신 후 세포막으로 유리관의 입구를 빈틈 없이 막았습니다. 그리고 나서 페퍼는 생각했습니다.

'이것을 동물의 세포액과 비슷한 용액 속에 수직으로 집어넣을 경우 나타나게 될 결과는 내 생각이 옳다는 것을 확실히 증명해 줄 거야.'

페퍼가 이 유리관을 세포액과 비슷한 용액이 담긴 투명한 통 속에 수직으로 집어넣자 유리관 속으로 용액이 천천히 유입되기 시작하였습니다.

페퍼는 유리관을 막은 세포막을 자세히 관찰했습니다. 세포막은 약간 부풀어 있었습니다.

'아, 바로 이거구나!'

페퍼는 나지막이 외쳤습니다.

'유리관을 둘러싼 세포막이 부푼 이유는 그 곳에 압력이 작용하기 때문일 거야. 이 압력에 의해서 용액이 위로 올라간 것이 틀림없어!'

이렇게 해서 페퍼는 이 압력, 즉 삼투압에 의해서 용액이 위로 상승한다는 사실을 알게 되었습니다.

그리고 그 후의 연구에서 페퍼는 용액의 농도가 진하면 진할수록 용액이 더 높이 올라가게 되며 삼투압도 더 커진다는 사실을 알게 되었습니다.

 사고하기

셀로판 종이로 용기의 중앙을 막고 양쪽에 각각 다른 농도의 용매를 넣어 보세요. 그리고 몇 분 후 양쪽에 들어 있는 용매의 농도를 비교해 보세요. 그러면 각 용매의 농도가 변했음을 알 수 있을 것입니다. 즉 농도가 높은 용매의 농도는 감소하고 농도가 낮은 용매의 농도는 증가했을 것입니다.

이런 현상은 두 용매의 농도가 같아질 때까지, 즉 평형 상태가 될 때까지 계속되는데 이것을 확산이라고 합니다.

삼투 현상도 이런 확산 현상의 특수한 경우라고 할 수 있습니다. 다시 말하면 삼투 현상이란 선택성 투과막을 통하여 생기는 용매의 확산 현상이라고 할 수 있습니다.

여기에서 선택성 투과라는 것은 말 그대로 선택적으로 골라서 투과시킨다는 것입니다. 즉 어떤 것은 투과시키고 어떤 것은 투과시키지 않는다는 것이죠.

세포막은 선택적 투과성을 가지고 있는 대표적인 막입니다. 즉 세포막은 어떤 분자는 투과시키지만 또 어떤 분자는 투과시키지 않는 성질을 가지고 있습니다.

일반적으로 생물체 속의 용매는 물이라고 생각하면 됩니다. 그 이유는 생물체 속의 용매 중 물이 차지하고 있는 비율이 상대적으로 매우 높기 때문입니다.

그렇다면 삼투 현상을 알아볼 수 있는 실험을 생각해 볼까

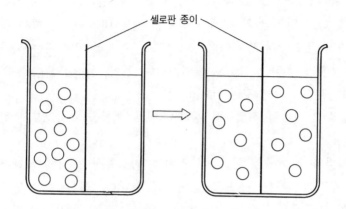

셀로판 종이

확산 현상의 실험

요?

  유리관의 밑면에 구멍을 뚫고 그 곳을 선택성 투과막인 셀로판 종이로 막은 후 설탕 용액을 채워 보세요. 그런 다음 이 유리관을 물이 가득 담긴 용기에 집어넣으면 어떤 현상이 일어날까요?

  용기 속의 물 분자가 유리관 속으로 이동하여 유리관 속의 용액의 양을 증가시키게 될 것입니다.

  그렇게 되면 유리관 속에 들어 있는 용액이 유리관을 아래쪽으로 밀어내게 되겠지요?

  바로 이 때 용기 속의 물 분자가 유리관 속으로 확산되어 들어가는 압력이 발생하는데 이 압력을 삼투압이라고 합니다.

  물론 막을 사이에 두고 들어 있는 물의 농도 차가 크면 클수록 삼투 현상은 강력하게 일어나 삼투압도 증가하게 됩니다.

  유리관 속에 들어 있는 물의 무게와 이 압력이 평형을 이루

면 유리관 속으로의 물의 이동은 멈추게 됩니다. 즉 유리관
속에 들어 있는 물의 무게가 셀로판 막을 내리누르는 힘은 물
분자를 밀어내려고 하는데, 이 때 물 분자를 밀어내는 힘과
물 분자가 유리관 속으로 들어가려는 힘이 같아지면 삼투 현
상은 멈추게 되는 것입니다.

그러면 사람의 적혈구를 통해서 삼투 현상을 알아보도록 합
시다.

사람의 적혈구를 물 속에 집어넣으면 확산 현상에 의해서
물 분자는 적혈구 안으로 들어가게 됩니다. 물론 그 원인은
적혈구의 세포질 농도가 바깥쪽의 물 농도보다 높기 때문입니
다. 이 때 적혈구 바깥에 있는 물은 적혈구 세포질에 대해서
저장성의 상태에 있다고 합니다.

저장성의 상태에서는 적혈구 바깥쪽에 있는 물이 적혈구 안
으로 계속 들어오게 되는데 적혈구 막이 매우 약하기 때문에

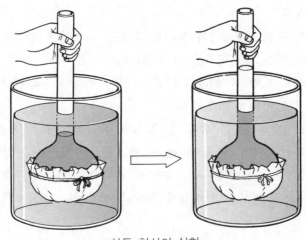

삼투 현상의 실험

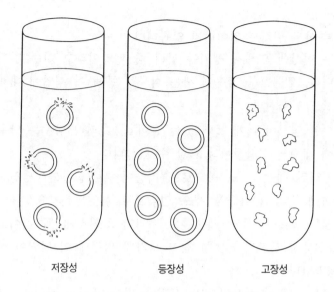

저장성   등장성   고장성

저장성, 등장성, 고장성 용액에 대한 적혈구의 반응

세포 내부의 압력을 견디지 못하고 터지게 됩니다.

적혈구를 보통의 물이 아닌 바닷물에 집어넣으면 앞의 경우와는 반대의 상황이 일어나게 됩니다. 즉 적혈구 안에 들어 있던 물이 바깥으로 빠져 나가게 됩니다.

이 때 바닷물은 적혈구 세포질에 대하여 고장성의 상태에 있다고 합니다. 이런 고장성의 상태에서는 어떤 일이 일어날까요? 적혈구 세포가 수축합니다. 물이 세포로부터 빠져 나갔으니까요.

적혈구 세포질과 정확하게 같은 농도의 물 분자가 포함된 용액으로는 혈장액이나 0.9% 염화나트륨($NaCl$) 용액 등이 있으며 이런 용액을 등장액이라고 합니다.

그렇다면 이런 용액 속에 적혈구를 넣으면 어떤 현상이 일어날까요?

물론 아무 변화도 일어나지 않습니다.

삼투 현상에 의해서 생기는 압력 중 팽압이라고 하는 것이 있습니다. 민물, 즉 담수에 사는 식물을 통해 이 팽압에 대해 알아보도록 합시다.

담수란 염분이 적게 들어 있는 물이죠. 그러니 담수는 담수 식물에 대해서 저장성이라고 할 수 있습니다.

그렇다면 물은 어느 쪽으로 흘러들어 가겠습니까? 당연히 바깥쪽에서 담수 식물의 세포 안쪽으로 유입되겠지요? 물이 들어오면 담수 식물의 세포질은 부피가 증가하게 될 것이고 그로 인해서 세포벽을 미는 힘이 생기게 되는데 이 압력이 바로 팽압입니다.

세포는 강력한 섬유질 막의 도움을 받아 팽압을 견뎌내는데 팽압과 삼투압이 동등해지게 되면 물의 출입은 중단됩니다.

팽압은 꼭 담수 식물에서만 관찰되는 현상일까요? 그렇지는 않습니다. 육상 식물에서도 팽압은 생깁니다. 땅으로부터 흡수한 물이 삼투에 의하여 세포로 들어오면 팽압이 생기게 됩니다.

이렇게 생긴 팽압은 육상 식물을 꼿꼿이 지탱시켜 주는 지지대 역할을 합니다. 즉 잎이나 꽃잎 또는 초본 줄기 같은 부분에서 생기는 팽압은 식물의 세포벽을 단단하게 하여 식물이 튼튼하게 자랄 수 있도록 해줍니다.

그런데 만약 육상 식물이 충분한 양의 물을 땅으로부터 흡수하지 못한다면 어떻게 되겠습니까? 식물 세포는 팽압을 만들어 내지 못하게 될 것이고, 결국 식물은 시들어 버릴 것입니다.

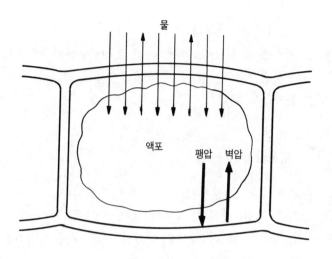

식물 세포의 팽압

   그렇다면 바다, 즉 해수에 사는 생물들은 어떤 식으로 살아갈까요? 담수에 사는 생물과는 다른 삼투 현상을 취하면서 살아갈 텐데 말입니다.

   해수에 포함되어 있는 염분(소금)의 비율은 약 3% 정도입니다. 이 농도는 해양 식물이나 해수에 사는 생물의 세포질 농도와 매우 비슷합니다. 이것은 해수와 해수에 사는 생물의 세포질이 서로 등장성의 상태를 이루고 있다는 뜻입니다.

   이런 이유로 해수에 사는 생물들은 해수로부터 물을 얻거나 잃지도 않으면서 살아가게 되는 것입니다.

   그럼 육상 식물이나 담수 식물을 해수에 넣으면 어떤 현상이 나타나게 될까요?

   해수는 이들의 세포질에 비해서 고장성의 상태가 될 것입니다. 그러므로 이들의 세포 안쪽에서 바깥쪽으로 물이 빠져 나갈 것은 당연한 이치겠죠. 그러다 보면 팽압은 소멸되어 식물은 곧 시들어 버릴 것입니다.

이런 과정에서 세포질 속에 들어 있는 수분이 바깥쪽으로 계속 방출되면 세포는 점점 더 줄어들게 되는데, 이런 현상을 원형질 분리라고 합니다.

 탐구하기

문 물은 식물의 성장에 절대적으로 필요합니다.
그러면 다음 중에서 식물체 내에서 물을 상승시켜 주는 가장 직접적인 요인 세 가지를 열거한 것은 어느 것일까요?
ㄱ) 확산, 물 분자의 응집력, 중력
ㄴ) 근압, 모세관 현상, 원형질 분리
ㄷ) 모세관 현상, 원형질 분리, 물 분자의 응집력
ㄹ) 중력, 원형질 분리, 물 분자의 응집력
ㅁ) 근압, 모세관 현상, 물 분자의 응집력

답 식물체가 수분을 상승시키는 세 가지 주요 요인은 근압, 모세관 현상, 물 분자의 응집력입니다.
식물체의 뿌리는 뿌리털에서 흡수한 물을 위로 밀어 올리는 힘을 가지고 있는데 이것이 근압입니다.
식물체의 뿌리에서 흡수된 물은 물관(모세관)을 통해 잎에 도달하여, 일부는 광합성에 이용되고 대부분은 기공을 통해서 공기 중으로 방출되는데 이것을 증산 작용이라고 합니다. 즉 뿌리에서 흡수한 물은 증산 작용의 강한 흡인력으로 인해 끌어올려지는 것입니다.
그리고 이렇게 상승하는 물 분자는 물관 내에서 물 분자 사이의 강한 응집력을 받게 되어 물 기둥이 끊어지지 않고 계속 상승할 수 있습니다.

중력은 위로 작용하는 힘이 아니고 아래로 작용하는 힘이기 때문에, 만약 이것이 하나의 요인으로 작용한다면, 물의 상승 요인이 아닌 물의 하강 요인으로서만 작용할 것입니다.

담수 식물이나 육상 식물을 바닷물에 넣으면 이들 세포는 곧바로 시들어 버리게 됩니다. 바닷물이 이들에 비해서 고장성의 상태에 있기 때문이지요. 이 때 이들 세포의 수분이 계속 빠져 나가게 되면 세포질은 점차 줄어들게 되는데 이것을 원형질 분리 현상이라고 합니다.

따라서 원형질 분리는 물의 상승과 무관합니다.

정답은 ㅁ)입니다.

문 민숙이는 동네 꽃가게에서 네 종류의 꽃을 사 매일 정성 들여 꽃에 물과 비료를 듬뿍듬뿍 주었습니다. 그런데 이게 어찌 된 일입니까? 그렇게 정성을 쏟았는데도 꽃이 시들어 버린 것입니다.

민숙이는 꽃이 시든 원인이 무엇인지 알아보기 위한 실험을 했습니다.

꽃의 종류	꽃에 준 물의 양	꽃에 준 비료의 양
민들레	실험 전보다 적은 양	실험 전보다 많은 양
국화	실험 전과 같은 양	실험 전과 같은 양
백합	실험 전과 같은 양	실험 전보다 적은 양
튤립	실험 전보다 많은 양	실험 전과 같은 양

만약 꽃이 시든 원인이 오로지 너무 많은 양의 비료를 주었기 때문이라면 다음 중 어떤 꽃을 서로 비교해야 할까요?

ㄱ) 민들레와 국화

ㄴ) 민들레와 백합

ㄷ) 국화와 튤립

ㄹ) 국화와 백합

ㅁ) 백합과 튤립

답 꽃이 시든 원인이 물의 양과는 상관이 없고 비료의 양이 많았기 때문이었으므로 물의 양은 실험 전과 같게 해야만 할 것이고, 비료의 양은 실험 전보다 적게 해야만 할 것입니다. 그래야만 꽃이 시들지 않고 싱싱해질 수 있을 테니까요.

그러니 국화와 백합을 비교해야만 알 수 있겠지요.

정답은 ㄹ)입니다.

● **좀더 알아봅시다**

식물을 100~110°C에서 완전히 건조시키면 수분이 없어지고 말라 버린 식물체만 남게 됩니다. 이 딱딱한 물질을 완전히 연소시키면 재가 남겠지요.

그러면 이 때 탄소(C), 수소(H), 산소(O), 질소(N) 등 네 가지 원소는 수증기, 이산화탄소, 질소 등의 기체로 날아가 버리고 재 속에는 황(S), 인(P), 마그네슘(Mg), 칼슘(Ca), 칼륨(K), 철(Fe) 등 여섯 가지 원소가 남게 되는데, 이들 열 가지의 원소를 '식물의 생장에 필요한 열 가지 원소'라고 부릅니다.

식물의 생장에 필요한 원소가 어느 것인지 알아보기 위해서는 물재배라는 방법을 이용합니다. 물재배란 여러 가지 종류의 화학 물질을 혼합해 증류수에 녹인 배양액으로 식물을 기르는 방법을 말합니다.

완전한 원소가 들어 있는 배양액으로 성장한 식물은 정상적으로 자라게 될 것이지만 어느 원소가 결핍된 배양액 속에서 자란 식물은 그 원소의 결핍에 의한 생장 장애 현상이 나타나게 될 것입니다.

몇 가지 원소의 작용을 간단하게 살펴보면 다음과 같습니다.

질소(N) : 단백질, 핵산, 엽록소의 성분

인(P) : 핵산 및 인지질의 성분, 에너지 전달

마그네슘(Mg) : 엽록소의 성분

칼슘(Ca) : 세포막의 성분

칼륨(K) : 탄수화물과 단백질의 성분, 수분 조절

철(Fe) : 호흡 효소의 성분

우리 생활에서도 좋은 것이라 하여 지나치게 사용하면 오히려 역효과를 가져오게 되잖습니까? 이것이 식물에서도 똑같이 적용된답니다.

식물이 정상적으로 성장하기 위해서는 필요한 원소가 많지도 적지도 않은 적당한 양만큼 공급되어야 합니다. 그렇지 않고 한 원소가 부족하거나 없으면 나머지 양이 아무리 많다 하더라도 그 원소를 대체해 줄 수가 없으므로 식물의 성장에 나쁜 영향을 주게 됩니다.

이를 '리비히의 최소량의 법칙' 이라고 합니다.

포도주의 변질을 막아 주세요

― 효모와 발효 ―

 이야기

술이나 요구르트, 그리고 김치 등을 가리켜 발효 식품이라고 합니다.

인류는 오랜 세월을 거치면서 적당한 온도 상태하에서 당분을 함유한 액체를 부패시키는 방법을 이용해 술과 요구르트를 만들고 김치를 저장해 왔습니다. 그렇지만 이렇게 되는 과정을 단지 오랜 세월에 걸쳐 축적된 경험으로만 알고 있었을 뿐 이것이 구체적으로 어떤 원인에 의해서 일어나는지에 대해서는 알지 못했습니다.

오늘날 발효라고 일컫는 이 현상을 인간이 과학적으로 알게 된 것은 19세기에 들어와서의 일입니다.

19세기 초 과학자들은 발효의 신비스러움을 벗겨 내기 위한 첫 단계로 효모를 연구하게 됩니다. 그 과정에서 효모가 일종의 미생물임을 알아내게 되지만 이것이 하나의 학설로서 인정된 것은 이로부터 수십 년이란 세월이 지난 1860년대입니다.

과학사를 보면 기존의 이론이 갖는 권위가 너무 강력해서 비록 이것이 틀렸을지라도 새로운 이론이 이를 대처하기가 쉽지 않은 경우가 종종 있었는데 이 경우도 바로 거기에 해당됩니다.

　그랬기 때문에 효모의 정체가 미생물이란 사실을 알았으면서도 발효 현상이 미생물 때문에 일어난다는 사실이 공식적으로 인정되는 데에는 수십 년이란 세월이 흐를 수밖에 없었던 것입니다.

　1860년대에 들어와서 발효 현상에 대한 답을 내린 과학자는 다름 아닌 유명한 파스퇴르입니다. 그가 해명한 것은 알코올에 관한 발효 현상이었습니다.

　그는 자신이 대학 교수로 근무하던 지역의 포도주 양조업자들로부터 포도주의 변질을 막을 방법을 연구해 주었으면 하는 간곡한 부탁을 받게 되었습니다. 이를 계기로 수년 동안 연구를 거듭한 결과 파스퇴르는 알코올 발효에 관한 결과와 산소와 발효 현상의 관계를 알아내게 됩니다. 즉 그는 산소가 부족한 상태에서 발효 현상이 더 왕성해진다는 사실을 알아내게 된 것입니다.

그는 다음과 같은 결론을 내렸습니다.

"산소가 충분한 경우 효모는 충분한 산소를 이용해서 호흡을 하고 이로부터 자신에게 필요한 에너지를 어렵지 않게 만들어 낸다. 그러나 산소가 충분치 못한 경우에는 이것이 불가능해진다. 그래서 포도당을 분해하여 이로부터 자신에게 필요한 에너지를 얻어낸다. 이것이 바로 발효 현상이다. 다시 말하면 산소가 불충분한 경우 효모가 호흡하기 위해 필연적으로 거치는 과정에서 나타나는 결과가 발효이다."

이렇게 해서 발효 현상은 그 신비스러운 정체를 드러내게 되었습니다.

 사고하기

모든 생명체는 삶을 유지하기 위해 끊임없이 에너지의 공급을 필요로 합니다. 그리고 이 에너지를 공급받기 위해 주위 환경의 많은 유기 분자들을 이용한답니다.

이렇게 이미 형성되어 있는 유기 분자에 의존해서 영양분을 얻는 행위를 종속 영양이라 하며, 이러한 방법을 통해서 생명을 유지해 나가는 생명체를 종속 영양 생물이라고 부릅니다.

종속 영양을 하는 생명체로는 대부분의 동물과 엽록소를 갖지 못한 미생물, 그리고 극소수의 비녹색 식물이 있습니다.

이들 생명체가 섭취한 물질들은 세포 내에서 이용되기 전 물에 잘 녹는 작은 상태로 분해되는데 이 분해 과정을 소화라고 합니다. 다시 말하면 섭취한 음식물에 들어 있는 영양소를 좀더 용이하게 흡수할 수 있도록 작은 분자 물질로 분해시키는 과정이라 할 수 있죠.

예를 들면 전분과 같은 다당류를 당으로, 지방을 지방산과 글리세롤로, 핵산을 뉴클레오티드로, 단백질을 아미노산으로 전환시키는 과정 같은 것들이라 할 수 있겠죠.

그런데 이 모든 과정의 사이사이에는 물 분자가 개입됩니다. 이런 이유로 이 작용을 가수 분해 작용이라고 합니다.

그러면 소화가 인체 내에서 어떤 과정을 거치면서 어떻게 일어나고 있는지 알아보도록 합시다.

음식물이 일단 입 속으로 들어오게 되면 이에 의해서 작은 조각으로 씹히게 되죠. 이런 기계적 분쇄 과정을 거치기 때문에 소화 기관은 음식물을 좀더 효율적으로 화학적 소화를 해낼 수 있는 것이랍니다.

작은 조각으로 분쇄된 음식물은 입 안의 타액선으로부터 분비된 타액(침)에 의해서 섞여지는데 이 타액 속에는 전분을 소화시키는 효소인 아밀라아제가 포함되어 있어서 전분(녹말)을 맥아당(엿당)으로 가수 분해시킵니다.

이렇게 해서 삼켜진 음식물은 식도로 들어가게 되는데 이곳에서는 단지 음식물을 원활하게 이동시켜 주는 운동만이 활발히 진행됩니다. 즉 식도로 들어간 음식물은 식도벽 근육의 수축에 의해서 음식 덩어리 바로 뒷부분에서는 수축 운동이, 음식 덩어리 바로 앞부분에서는 이완 운동이 일어나게 되어 음식물이 아래로 내려가게 되는 것입니다.

이렇게 율동적인 근육의 수축과 이완 운동을 연동 운동이라고 합니다.

식도를 거쳐 위로 들어온 음식물은 근육의 원활한 운동에 의해서 위벽에 있는 수많은 위선으로부터 분비된 위액과 혼합됩니다. 위선에는 벽세포, 주세포, 점액 분비 세포 등 세 종류의 세포가 있습니다.

벽세포에서는 염산을 위에 분비시키는데 이 염산은 여러 가지 기능을 합니다. 섭취한 음식물 속에 들어 있는 박테리아를 살균시키고, 단백질을 변성시키고, 결합 조직을 절단시켜 소화를 원활하게 하며, 위에서 분비되는 오직 한 가지 소화 효소인 펩신을 활성화시키는 등의 일들이 위액 속의 염산에 의해서 이루어집니다.

주세포는 펩시노겐을 합성 분비하는데, 펩시노겐이란 단백질 분해 효소인 펩신의 선구 물질이라고 할 수 있습니다. 이것이 위액의 산과 혼합되면 효소로서 활성화되죠.

펩신은 섭취한 단백질뿐만 아니라 펩시노겐도 가수 분해시키기 때문에 펩시노겐이 펩신으로 전환되도록 촉진시키는 작용을 합니다. 그리고 펩신은 단백질 폴리펩티드(단백질은 아미노산 분자가 길게 연결된 화합물인데, 단백질의 아미노산과 아미노산 결합을 펩티드 결합이라고 하며 이러한 펩티드가 여러 개 결합된 것을 폴리펩티드라고 합니다.) 사슬의 어떤 특정한 부분에만 가수 분해 작용을 일으키는데, 특히 C 말단에 위치해 있는 아미노산을 잘 분해시킵니다. 이렇게 해서 단백질의 긴 폴리펩티드 사슬은 짧은 사슬로 절단되게 됩니다.

여기에서 우리는 한 가지 의문을 가질 수 있습니다.

56

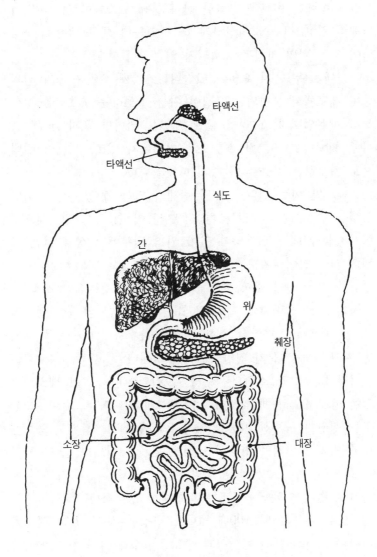

타액선

타액선

식도

간

위

췌장

소장

대장

인간의 소화계

위 내부에는 이토록 강력한 산과 분해 효소들이 분비되면서 단백질 분해 작용을 왕성하게 하고 있는데 왜 단백질로 구성되어 있는 위벽 자신은 소화되지 않는 것일까요?

여기에는 두 가지 요인이 있습니다. 첫째 요인은 위의 점액 분비 세포에서 분비되는 물질이 위를 보호하는 보호막을 형성하기 때문입니다. 그리고 둘째 요인은 위벽의 표피 세포들은 아주 빽빽하고 견고한 결합으로 이루어져 있어, 위액이 위벽으로 침투하는 것을 막아 주기 때문입니다.

그렇지만 이런 위의 기능도 한계가 있는 것이어서 위 점막 상피를 손상시킬 수 있는 여러 행위들이 쉼 없이 연속적으로 이어졌을 때에는 위궤양과 같이 위벽 내부에 손상을 입는 불행한 일이 일어나기도 합니다.

위를 거쳐 여러 소화 효소들과 함께 섞인 음식물은 소장(작은창자)으로 들어오게 됩니다. 소장은 길이가 약 7m 정도인데 이 곳에서는 화학적 소화가 완결되는 동시에 수분을 제외한 거의 모든 저분자 영양소가 흡수됩니다.

이것의 마지막 소화와 흡수는 소장의 내부 벽에 배열되어 있는 융모의 작용에 의해서 이루어지게 됩니다. 그런데 이 융모는 굉장히 독특한 기능을 가지고 있습니다. 이 기능은 소장 내부 벽의 표면적을 상당히 넓혀 주는 것이랍니다. 좀더 구체적으로 말하면 소장 내부 벽의 주름 표면은 매우 작은 융털 돌기로 덮여 있는데, 이것까지 합쳐서 생각하면 소장의 내부 표면적은 체표의 약 100배 넓이로 확장된 것과 같습니다. 이 미세 융모의 거대한 표면적과 수많은 효소들이 함께 협력하여 소장에서 화학적인 소화를 완성시키게 되는 것입니다.

각각의 융모 세포는 모세 혈관으로 가득 차 있는데 아미노산, 당류, 비타민, 수분, 염분 등은 이 곳으로 흡수됩니다.

지금까지 인체 내에서 소화가 어떻게 이루어지는지에 관해서 알아보았습니다. 이제 탄수화물(녹말, 설탕, 젖당), 단백질, 지방이 어떠한 소화 효소에 의해서 어느 곳에서 어떤 물질로 분해되는지를 간략하게나마 살펴보도록 합시다.

1) 탄수화물

        (아밀라아제)   (말타아제)

녹말 ----------▶ 엿당 ----------▶ 포도당＋포도당

        (입)   (소장)

        (수크라아제)

설탕 ----------▶ 포도당＋과당

        (소장)

        (락타아제)

젖당 ----------▶ 포도당＋갈락토오스

        (소장)

2) 단백질

        (펩신)   (트립신)   (펩티다아제)

단백질 ----▶ 펩톤 ----▶ 펩티드 ----▶ 아미노산

        (위)   (소장)   (소장)

3) 지방

        (리파아제)

지방 ----------▶ 지방산＋글리세롤

        (소장)

이런 가수 분해 소화 과정을 거치면서 에너지가 생성됩니다. 그런데 이 때 생성되는 에너지는 극히 적은 양으로, 엿당이 두 개의 포도당 분자로 분해되는 과정에서 발생되는 열량은 겨우 4kcal에 불과합니다.

여하튼 이런 과정을 거치면서 소화된 작은 유기 분자들이 세포 안으로 들어오게 되면 이들 분자들은 더욱 분해되어 두 개 내지 네 개의 탄소를 가진 간단한 분자로 변합니다.

그런 다음 이것은 다시 세포 내에서 동화 작용과 이화 작용을 거치게 됩니다.

동화 과정이란 작고 단순한 분자가 크고 복잡한 분자로 되는 대사 과정을 말합니다. 가령 세포 안으로 들어온 단순한 분자들이 당, 지방산, 글리세롤, 아미노산 등으로 합성되거나 심지어는 다당류, 지질, 단백질, 핵산으로까지 합성되는 과정이라고 할 수 있습니다.

그리고 이화 과정이란 이산화탄소(CO_2)나 물(H_2O)과 같은 무기 분자의 상태로 분해되는 과정입니다. 한마디로 말해 이화 과정이란 복잡하고 에너지 양이 많은 분자에서 단순하고 에너지 양이 적은 분자로 변환되는 과정이라고 할 수 있습니다.

그러니 이화 과정에서 만들어진 최종 산물의 에너지 양은 처음의 분자가 가지고 있던 에너지 양에 비해서 상당히 적을 것입니다.

포도당은 살아 있는 세포의 주요한 에너지원입니다. 그런데 포도당이 완전 연소되어 최종 산물인 이산화탄소(CO_2)나 물(H_2O)과 같은 무기 분자로 변하게 된다면 이 과정에서 에너지가 방출될 것은 분명한 일이겠죠. 이 과정에서 686kcal의

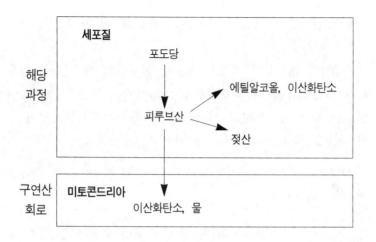

세포질

해당
과정

포도당

↓

피루브산 → 에틸알코올, 이산화탄소

↘ 젖산

구연산
회로

미토콘드리아

↓

이산화탄소, 물

해당 과정은 포도당으로부터 피루브산을 생성시키는 과정입니다.
만약 산소를 이용할 수 있다면 피루브산은 미토콘드리아로 들어가서 구연산 회
로의 많은 효소들에 의해서 완전히 산화되는데 이 과정을 세포 호흡이라고 합니다.

에너지가 발생합니다.

이 때 생성된 에너지는 보통 열의 형태로 방출되는데 세포
는 에너지가 열로 손실되는 것을 방지하기 위하여 세포에서
필요로 하는 또 다른 분자인 아미노산과 같은 형태로 전환시
키기도 하며, 세포 내의 여러 과정을 거쳐 고에너지 화합물인
ATP 형태로 합성시켜 저장하기도 합니다.

포도당이 연소하기 위해서는 산소가 필요한데, 때로는 산소
가 없는 상태에서도 포도당이 분해되는 경우가 있습니다. 이
를 해당 과정이라고 합니다.

해당 과정에 의해서 에너지를 공급하는 예로는 근육 세포가
과로한 노동에 의해서 피로해졌을 경우를 들 수 있는데, 이
때 생성되는 것이 젖산입니다. 그리고 이 과정을 젖산 발효라
고 합니다.

또한 알코올이 생성되는 경우가 있는데 이 과정을 알코올 발효라고 부릅니다.

그렇지만 대부분의 세포는 포도당을 분해할 때 산소를 이용하게 되는데, 이 때 최종적으로 만들어지는 물질은 포도당이 연소될 때와 마찬가지로 이산화탄소(CO_2)와 물(H_2O)입니다. 이 과정을 세포 호흡이라고 합니다.

 탐구하기

한 생물학자가 이자액의 분비 현상에 관한 연구를 한 후 다음과 같은 연구 결과를 얻어냈습니다.

(1) 십이지장에 음식물이 들어가면 이자액이 분비된다.

(2) 십이지장과 이자액에 분포되어 있는 신경을 잘라도 이 자액이 분비된다.

(3) 십이지장으로부터 흘러나오는 혈관을 막으면 이자액의 분비가 현저하게 감소한다.

(4) 이자로 들어가는 혈관을 막으면 이자액의 분비가 상당히 줄어든다.

그러면 이 네 가지의 실험 결과를 가지고서 예측할 수 있는 결론 중에서 가장 타당하다고 생각되는 것은 다음 중 어느 것일까요?

ㄱ) 영양분이 혈액에서 이자로 공급되면 이자액이 분비된다.

ㄴ) 이자액 분비 현상은 십이지장의 상태와 아무런 관련도 없다.

ㄷ) 십이지장에서 분비되는 어떤 물질이 혈관을 통해서 이

자로 운반되어 이자액을 분비시킨다.

ㄹ) 신경을 자를 때 나오는 미지의 어떤 물질이 혈관을 통해 이자로 운반되어 이자액을 분비시킨다.

ㅁ) 이자액은 이자와 십이지장의 신경 작용에 의해서만 분비된다.

답 (1)에서 십이지장에 음식물이 들어가면 이자액이 분비된다고 했으므로, 영양분이 혈액에서 이자로 공급되면 이자액이 분비된다고 단언할 수는 없습니다.

(2)와 (3)에서 십이지장에 분포되어 있는 신경을 자르거나 십이지장으로부터 흘러나오는 혈관을 막음에 따라서 이자액의 분비량에 변화가 생긴다고 했으므로, 이자액 분비 현상이 십이지장의 상태와 아무런 관련도 없다고 단언할 수는 없습니다.

(2), (3), (4)에서 십이지장과 이자액의 신경을 잘라도 이자액이 분비되지만 그 양이 십이지장과 이자 사이의 혈관을 막으면 상당히 줄어든다는 결과로부터, 십이지장에서 분비되는 어떤 물질이 혈관을 통해서 이자로 운반되어 이자액을 분비시킨다고 말할 수 있겠지만 신경을 자를 때 나오는 미지의 어떤 물질이 혈관을 통해 이자로 운반되어 이자액을 분비시킨다고 주장할 수는 없을 것입니다.

(1), (2), (3), (4)에서 이자액의 분비 현상은 호르몬의 작용에 의해서도 가능함을 엿볼 수가 있습니다.

따라서 정답은 ㄷ)입니다.

문 한 생물학자가 개의 위액 분비 과정에 관한 실험을 통해서 다음과 같은 결론을 얻어냈습니다.

(1) 개의 위에 연결된 신경을 자른 다음 음식을 주었더니 정상적인 상태에서 분비되는 위액의 양에 비해서 약 4분의 1 정도가 줄어들었다.

(2) 두 마리 개의 혈관을 연결시킨 다음 그 중 한 마리에게 만 음식물을 주었는데도, 음식을 먹지 않은 다른 개로부터도 정상적으로 분비되는 양의 약 4분의 3 정도에 해당하는 위액 이 분비되었다.

그러면 이 두 실험 결과로부터 예측할 수 있는 사실은 다음 중 무엇일까요?

ㄱ) 호르몬과 신경의 자극을 동시에 받을 경우에만 위액은 분비될 수 있다.

ㄴ) 음식물이 위에 자극을 주어야만 위액은 분비될 수 있다.

ㄷ) 조건 반사에 의해서만 위액은 분비될 수 있다.

ㄹ) 호르몬과 신경의 자극 중 어느 경우에도 위액은 분비될 수 있다.

ㅁ) 호르몬에 의한 자극보다 신경에 의한 자극의 경우 위액 은 약 4배 정도 더 많이 분비된다.

답 신경을 자르거나 혈관을 연결시켜도 위액이 분비된다고 하였으므로 호르몬과 신경의 자극 중 어느 경우가 주어 져도 위액은 분비될 수 있다고 판단해야만 할 것입니다.

음식을 먹지 않은 다른 개로부터도 위액이 분비되었으므로 음식물이 위에 자극을 주어야만 위액이 분비될 수 있다고는 말할 수 없습니다.

신경을 자른 개와 신경을 자르지 않은 개 모두로부터 위액 이 분비되었으므로 조건 반사가 있어야만 위액이 분비될 수

64

있다고 판단할 수는 없습니다.

(1)과 (2)의 실험 결과로부터 호르몬에 의한 자극보다 신경에 의한 자극의 경우 위액이 더 많이 분비된다고 단언할 수는 없습니다.

그러므로 정답은 ㄹ)입니다.

● **좀더 알아봅시다**

소화 작용은 신경과 호르몬에 의해서 이루어집니다.

소화관의 운동과 소화액의 분비는 자율 신경에 의해서 반사적으로 조절됩니다. 이 때 교감 신경은 억제하고 부교감 신경은 촉진하는 작용을 합니다.

소화 작용을 돕는 호르몬에는 가스트린, 세크레틴, 콜레키스토키닌 등이 있습니다.

이들의 생성 장소와 작용은 다음과 같습니다.

호르몬	생성 장소	작 용
가스트린	위벽	위액 분비 촉진
세크레틴	소장	이자액 분비 촉진
콜레키스토키닌	소장	쓸개즙 분비 촉진

심장은 생명의 근원이며 작은 우주의 태양이다
— 혈액 순환 —

 이야기

16세기까지 해부학 분야에는 이렇다 할 성과가 없었습니다. 그 이유는 종교적인 문제로 인체를 해부할 수 없었기 때문입니다.

그렇지만 르네상스의 물결과 함께 모든 사물을 있는 그대로 그려 내려는 사실주의 사상이 확산되면서 해부학 분야도 급속한 발전이 이루어지기 시작하게 되었습니다. 그리고 그 서막을 연 사람이 베살리우스입니다.

베살리우스가 실제로 인체를 처음 해부했을 때 그 앞에 나타난 모습은 그 당시까지 믿어져 왔던 사실과는 전혀 달랐습니다.

한 예로, 이 당시의 사람들은 성경에 근거해서 남자의 갈비뼈가 여자의 갈비뼈보다 한 개 더 많을 것이라고 생각했었습니다. 그러나 실제로 인체를 해부해 보자 여자의 갈비뼈 수와 남자의 갈비뼈 수는 똑같았던 것입니다.

베살리우스는 인체를 해부하면서 보고 느낀 것을 자신의 저서 『인체의 구조에 대하여(De Humani Corporis Fabrica)』에 상세하게 서술했습니다. 이 책으로 인해 그는 해부학의 새로운 장을 열었다는 역사적인 평가를 받고 있습니다.

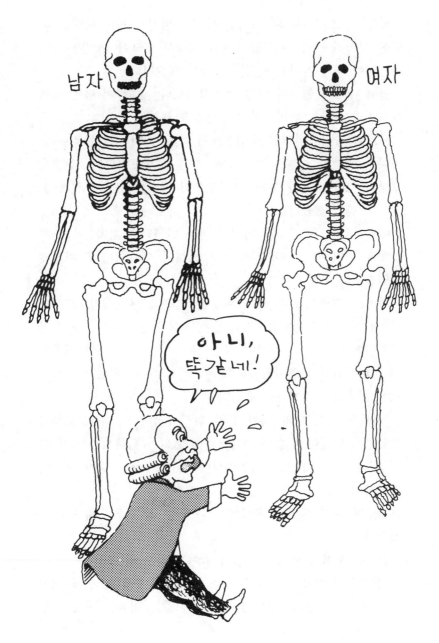

베살리우스가 자신의 저서를 통해서 밝힌 인체의 비밀은 대단한 것이었으나, 아쉽게도 인체 내에서 혈액이 어떻게 움직이는지에 대한 설명은 언급되어 있지 않습니다.

인체 내에서 혈액이 어떻게 움직이느냐에 대한 설명은 세르베투스라는 학자에 의해서 이루어졌습니다.

세르베투스는 혈액이 우심실에서 폐를 거쳐 좌심실로 이동한다는 혈액설 이론, 즉 소순환 이론을 발표하면서 "심장은 생명의 가장 중요한 부분이며, 인체의 중심에 위치한 열의 원천이다"라고 했습니다.

이러한 생각은 이후의 혈액 순환을 연구하는 학자들에게 큰 영향을 끼쳤는데, 이것은 하비의 시대에 와서 절정을 이루게 되었습니다.

하비는 혈액이 운동하는 이론을 연구하면서 심장으로부터 한 시간 동안 분출되는 피의 양을 계산해 냈습니다. 그에 따르면 한 시간 동안 심장이 분출하는 피는 보통 사람 체중의 약 3배에 달하는 양이었습니다. 이 결과로부터 하비는 다음과 같은 결론을 내리게 되었습니다.

"이토록 많은 양의 피가 단지 인간이 섭취한 음식물로부터 끊임없이 만들어질 수는 없다. 이렇게 되기 위해서는 피가 다시 원래의 출발점으로 되돌아와야 하는 순환 과정이 반드시 있어야 한다."

이렇게 해서 혈액 순환설이 드디어 그 모습을 나타내게 된 것입니다.

하비는 혈액 순환설을 다음과 같이 말하고 있습니다.

"심장은 생명의 근원이며 작은 우주의 태양이다. 인체 내에서 혈액이 움직이고 만들어지며 썩지 않는 이유는 심장의 힘과 맥박 때문이다. 심장은 몸에 영양분을 공급해 주고 보호해 주는 만인의 수호신임과 동시에 생명의 근간이며 온갖 작용의 원천이다."

 사고하기

심장은 가슴의 중앙 부근에 위치해 있는데 심낭이라는 보호 막으로 둘러싸여 있습니다.

심장에서 방출된 혈액은 온몸을 돈 후 심장으로 들어오게 됩니다. 몸의 이곳저곳을 돌고 나서 심장으로 되돌아온 혈액에는 산소가 없는데, 이 혈액은 우심방으로 들어오게 됩니다. 우심방으로 들어온 혈액은 우심방과 우심실 사이에 있는 삼첨판을 거쳐 우심실로 흐르게 됩니다.

이어서 폐동맥으로 흘러 들어간 혈액은 폐의 모세 혈관망을 거쳐 폐정맥으로 흘러나오게 되는데, 이 과정에서 이산화탄소와 산소의 교환이 이루어지게 됩니다. 즉 이 과정에서 몸 속의 나쁜 이산화탄소를 거둬 온 혈액은 이산화탄소를 버리고 신선한 산소를 공급받게 됩니다. 그리고 신선한 산소를 담고 있는 폐정맥의 혈액은 심장의 좌심방으로 들어갑니다.

이런 혈액의 순환 과정을 폐순환이라고 합니다.

좌심방 속의 혈액은 이첨판을 통과해 좌심실로 흘러 들어가게 되는데, 이 때 심실의 수축 작용은 이첨판을 닫히게 하고 대동맥의 관문인 대동맥판 막을 열리게 합니다.

대동맥을 거쳐 나온 혈액은 몸의 구석구석으로 퍼지게 되는데, 이 때 혈액이 이동할 수 있는 힘은 좌심실의 수축 작용에 의한 압력입니다. 좌심실이 수축할 때마다 방출되는 혈액은 동맥의 혈관벽에 부딪히게 되고 이것을 우리는 맥박이라고 합니다.

몸의 구석구석을 돈 후 혈액은 대정맥을 거쳐 우심방으로 들어오게 되는데 이 과정을 체순환이라고 합니다. 체순환과 폐순환은 각각 다른 말로 대순환과 소순환이라고 부르기도 합니다.

심장이 확장하는 순간에는 동맥에 일정한 압력이 유지됩니다. 그리고 심실이 수축하는 순간에는 혈압은 당연히 상승하게 됩니다.

동맥에 미치는 혈액의 압력은 혈액이 모세 혈관으로 유입되면 급격히 감소하게 됩니다.

모세 혈관은 그 지름이 적혈구의 지름과 거의 비슷한 크기를 가진 매우 미세한 혈관입니다. 이런 이유 때문에 적혈구가 모세 혈관을 통과할 때에는 여러 다발이 아닌 한 줄로 늘어서서 통과하게 됩니다.

모세 혈관의 지름은 작지만 이것이 몸 속에서 하는 기능은 매우 중요합니다. 혈액과 조직 사이에 일어나는 모든 물질 대사가 모세 혈관을 통해서 이루어지고 있기 때문입니다. 좀더 엄밀하게 말하면 심장이나 주요 혈관들은 광대한 모세 혈관 조직에 혈액을 공급해 주고 또 제거해 주는 혈액 순환계의 부속품에 불과하다고 할 수 있습니다.

모세 혈관의 전체 표면적은 상상외로 커서 약 $800\sim1,000\text{m}^2$ 정도나 됩니다. 그리고 모세 혈관의 총 부피는 몸 속 혈액의 총 부피와 거의 같은 약 5리터 정도입니다.

혈액이 모세 혈관을 지나서 정맥으로 들어가는 순간에는 혈관 내에 미치는 압력이 거의 없어지게 됩니다. 그렇기 때문에

통과하는 혈액량 (ml/min)	휴식 중	격렬한 운동 중
심 장	250	750
콩 팥	1,200	600
골격근	1,000	12,500
피 부	400	1,900
내 장	1,400	600
뇌	750	750

휴식 중일 때와 격렬한 운동 중일 때의 인체 내의 혈액 분포량

심장 바로 밑에 있는 정맥 속의 혈액은 근육의 펌프 작용에 의해 다시 심장으로 들어올 수 있게 됩니다.

이 과정은 혈액이 심장 방향으로만 흐르고 그 반대 방향으로는 흐르지 않는 성질과 근육의 짜내기 효과가 어우러진 과정이라고 할 수 있습니다.

정맥을 통과하는 혈액에 작용하는 힘은 적당하기 때문에 혈액의 흐름은 일정합니다. 따라서 정맥이 절단되었을 경우에도 혈액은 정맥으로부터 일정하고 느리게 흘러나오게 됩니다.

다음으로는 혈액의 성질과 역할에 대해 알아봅시다.

인체 순환계의 수송 매체라고 할 수 있는 혈액의 역할은 매우 다양합니다.

우선 혈액은 우리 몸의 구석구석을 찾아 다니며 여러 가지 물질을 제공해 줍니다. 예를 들면 글루코오스나 아미노산과 같은 영양분, 요소와 같은 노폐물, 나트륨 이온이나 칼슘 이온 등과 같은 무기 염류, 그리고 호르몬 등을 공급해 줍니다.

다음으로 혈액은 체온을 골고루 유지시켜 주는 매우 중요한

역할을 합니다.

　그리고 또 혈액은 우리들 몸 속으로 침입해 들어오는 외부 병원균과 싸워 물리치는 경찰의 역할도 합니다.

　이런 중요한 기능과 역할을 수행하고 있는 혈액은 액체성 매질 속을 자유롭게 떠도는 혈장이라는 세포로 이루어져 있습니다. 혈장은 3가지 주요 형태로 구성되어 있는데, 그것은 적혈구, 백혈구, 그리고 혈소판입니다.

　이 중에서 가장 높은 비율을 차지하고 있는 것은 적혈구입니다. 정상적인 인간의 경우 적혈구의 수는 여자보다 남자에게 약간 더 많은데, 여자의 경우에는 혈액 $1mm^3$당 약 450만 개, 남자의 경우에는 약 500만 개 정도가 들어 있습니다.

　적혈구의 모양은 둥근 원반형으로 그 가장자리는 중앙 부위보다 더 두꺼운 형태를 취하고 있습니다. 중앙 부위가 움푹 팬 듯한 모양은 세포나 혈장 속에서 산소나 이산화탄소 같은 가스의 교환을 매우 용이하게 해줍니다.

　어른의 경우 적혈구는 늑골, 흉골, 척추 등에 분포해 있는 세포에서 주로 만들어지는데, 적혈구가 처음 만들어졌을 때 적혈구 내부에는 핵이 존재합니다. 또 적혈구가 만들어진 직후에는 적혈구 내부에 헤모글로빈이라는 호흡 색소가 별로 많지 않지만 시간이 지남에 따라 이 양이 증가하게 됩니다.

　적혈구의 수명은 약 120일 정도인데 죽음을 앞둔 늙은 적혈구는 간과 지라에서 파괴됩니다. 이 때 헤모글로빈은 철 성분만을 제외하고 거의 대부분 분해됩니다. 간과 지라에서 분해되는 적혈구의 수는 1초당 대략 300만 개 정도로 추정되고 있습니다.

　백혈구의 수는 적혈구의 수에 비해서 약 700분의 1 정도지만 크기는 적혈구보다 큽니다.

혈액 속에서 발견되는 백혈구는 다섯 가지 종류가 있는데, 모두 핵을 가지고 있으며 그 모양 또한 다양합니다. 그 가운데 림프구, 호중성 백혈구, 호산성 백혈구, 호염기성 백혈구는 적혈구에 비해 약간 큰 편이며, 단핵 백혈구는 적혈구의 약 세 배 크기입니다. 백혈구들은 모두 골수에서 만들어집니다.

혈액 속에서 백혈구가 수행하는 일반적인 기능은 병균의 감염으로부터 몸을 보호하는 것이라 할 수 있습니다. 호중성 백혈구와 단핵 백혈구는 몸 안으로 들어오는 세균 따위를 잡아먹는 기능과 방어 기능을 수행합니다.

호중성 백혈구의 수명은 굉장히 짧아서 며칠에 불과한데 그 이유는 인간의 입 속이나 인체 내의 여러 장기들에 있는 수많은 세균들을 제어하고 통제하는 매우 힘든 일을 하기 때문입니다.

그 덕분에 인간은 수많은 세균체들을 몸 속에 지니고 있으면서도 큰 문제 없이 생활해 나갈 수 있는 것입니다.

우리는 예방 주사를 맞거나 병원체에 대해 이야기할 때 흔히 항원과 항체라는 말을 많이 씁니다. 그렇다면 항원과 항체는 무엇일까요?

인체는 외부로부터 침입해 들어오는 병균(항원)과 싸워 몸을 방어하기 위해서 단백질, 다당류, 핵산 등과 같은 물질을 이용해서 단백질을 만들어 내는데, 이 단백질을 항체라고 합니다.

이런 항체 형성에 관여하는 것이 림프구인데, 이 림프구는 항체 형성에 참여함으로써 외부로부터 몸 안으로 들어오는 병균들과 싸워 이들을 물리치는 데 중요한 역할을 담당하는 백혈구입니다.

인체 내에서 항원과 항체의 관계는 매우 특수하고 상호 보완적인 관계를 유지하는데, 이것을 항원 항체 반응의 특이성이라 합니다. 이는 특정 항체는 특정 항원하고만 반응하는 성질을 말하는 것으로, 예를 들면 장티푸스 항체가 장티푸스 항원하고만 반응하는 것 같은 현상을 의미합니다.

이런 항원 항체 반응의 특이성으로 인해 인체는 강력한 면역성을 나타내어 병원성 세균의 침입을 막을 수 있는 것입니다.

혈소판은 골수의 거대 세포의 작은 파편인데 모양은 둥근 원반형이고 크기는 적혈구보다 훨씬 작습니다. 혈소판은 혈액을 응고시키는 데에 매우 중요한 역할을 하는데, 정상인의 경우 혈액 $1mm^3$당 약 15만~30만 개 정도가 들어 있습니다.

대부분의 성분이 물(약 90%)인 담황색의 액체 혈장은 영양분과 노폐물, 이산화탄소, 호르몬 등의 운반 작용을 합니다. 혈장 속에는 여러 종류의 분자와 이온이 녹아 있는데 이 중에는 세포의 주에너지원인 포도당과 아미노산이 들어 있습니다. 이 이온들 중에서 가장 많은 비율을 차지하고 있는 것은 나트륨 이온과 염소 이온입니다.

혈장에서 피브리노겐을 제거한 것을 혈청이라고 부르는데, 상처에서 피가 응고된 뒤 나오는 맑은 액체가 바로 이것입니다.

혈장 속에 들어 있는 단백질 분자를 분리해 내기 위해서는 일반적으로 전기 영동법이란 방법을 사용합니다. 이 방법은 음(−)으로 대전시킨 단백질 분자에 전류를 흘려 주어 단백질 분자가 양(+)극 쪽으로 이동하게 하는 방법으로서, 이 때 여

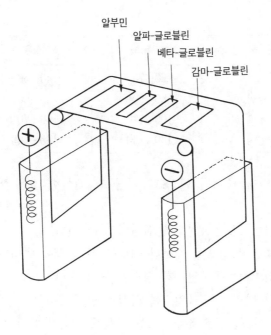

알부민
알파-글로블린
베타-글로블린
감마-글로블린

전기 영동법에 의한 혈청 단백질의 분리

러 개의 단백질 띠가 형성됩니다.

이 단백질 띠 중에서 양(+)극 쪽에 가장 가깝게 이동한 것을 알부민이라고 합니다. 그리고 그 외의 다른 단백질 띠들은 여러 종류의 글로불린입니다. 이 중 감마 글로불린은 항체 형성에 관여하는 매우 중요한 단백질 분자입니다.

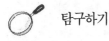 탐구하기

문 어렸을 때와 성장했을 때 동물의 심장 박동수는 같지 않습니다. 몇 가지 동물의 어렸을 때와 성장했을 때의 1분간 심장 박동수는 다음과 같습니다.

동 물	어렸을 때	성장했을 때
소	60~70	40~50
호랑이	80~90	55~60
진돗개	100~120	60~70
고양이	130~140	100~120

그러면 다음 중에서 이 표를 가장 잘 해석한 것은 어느 것일까요?

ㄱ) 심장이 큰 동물일수록 심장이 빨리 뛴다.

ㄴ) 동물은 성장했을 때보다 어렸을 때 심장이 빨리 뛴다.

ㄷ) 몸집이 큰 동물일수록 심장이 빨리 뛴다.

ㄹ) 빨리 달리는 동물일수록 심장이 빨리 뛴다.

ㅁ) 야생 동물이 집에서 기르는 동물보다 심장이 빨리 뛴다.

답 이 표에서는 심장이 큰 동물이 어느 동물인지 판단할 수가 없기 때문에 심장이 큰 동물일수록 심장이 빨리 뛴다고는 말할 수 없습니다.

이 표에 나타난 4종류 동물들의 심장 박동수는 어렸을 때가 성장했을 때보다 더 많기 때문에 동물은 성장했을 때보다 어렸을 때 심장이 빨리 뛴다고 말할 수 있습니다.

이 표에서 보면 심장 박동수가 빠른 순서는 고양이, 진돗개, 호랑이, 소의 순서이기 때문에 몸집이 큰 동물일수록, 혹은 빨리 달리는 동물일수록 심장이 빨리 뛴다고 말할 수 없으며, 집에서 기르는 동물보다 야생 동물의 심장이 더 빨리 뛴다고 말할 수도 없습니다.

정답은 ㄴ)입니다.

문 혈액은 다음과 같은 특징을 가지고 있습니다.

(1) 백혈구가 만들어지는 속도는 적혈구가 만들어지는 속도보다 약 3배 정도 빠르다.

(2) 혈액 속에 포함된 적혈구의 수는 백혈구의 수보다 약 700배 정도 많다.

그러면 이 두 가지의 특징으로부터 이끌어 낼 수 있는 사실은 다음 중 어느 것일까요?

ㄱ) 적혈구는 이산화탄소와 산소를 운반하지 않는다.

ㄴ) 혈구가 만들어지는 장소는 같지 않다.

ㄷ) 크기는 백혈구가 적혈구보다 작다.

ㄹ) 수명은 백혈구가 적혈구보다 짧다.

ㅁ) 림프구는 백혈구에 포함되지 않는다.

답 이 두 가지의 특징으로부터 판단할 수 있는 것은 혈구의 수명에 관한 것입니다. 왜냐하면 백혈구가 만들어지는 속도가 적혈구가 만들어지는 속도보다 빠르다는 특징에서 적혈구의 수명이 백혈구의 수명보다 길다는 사실을 추론할 수 있기 때문입니다.

적혈구의 수명은 약 100일 정도인 데 비해 백혈구의 수명은 약 10일 전후입니다.

그리고 나머지 4개의 예는 진실과 어긋난 것입니다. 구체적으로 말하면 적혈구는 이산화탄소와 산소를 운반하며, 골수에서 적혈구와 백혈구가 만들어집니다. 그리고 백혈구가 적혈구보다 크며, 림프구는 백혈구에 포함됩니다.

정답은 (ㄹ)입니다.

피부에 상처가 나면 빨간 피가 흐르고 잠시 후 피가 응고되어 딱지가 생기고 결국 피가 멎게 되지요. 이 과정을 응고라고 합니다.

좀더 구체적으로 표현하면 응고란, 혈관 밖으로 피가 흐를 때 효소의 작용에 의해서 만들어진 피브린이 많은 양의 혈구와 결합하여 혈병을 만드는 현상이라고 볼 수 있습니다.

응고 과정을 그림으로 나타내면 다음과 같습니다.

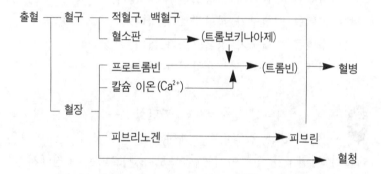

혈액의 응고를 방지하려면 저온 처리 방법, 옥살산나트륨이나 시트르산나트륨 첨가 방법, 헤파린이나 히루딘 첨가 방법, 유리 막대로 젓는 방법 등을 이용하면 됩니다.

이 4가지 방법은 각각 독특한 특성이 있습니다. 저온 처리시키면 효소의 활동을 억제할 수 있고, 옥살산나트륨이나 시트르산나트륨을 첨가하면 칼슘 이온(Ca^{2+})을 제거할 수 있습니다. 그리고 헤파린이나 히루딘을 첨가하면 트롬빈의 작용을 억제시킬 수 있고, 유리 막대로 저으면 피브린을 제거할 수 있습니다.

둘째마당

유전과 탄생

최소의 생명 단위
— 세포 분열 —

 이야기

19세기 중엽 독일에는 슐라이덴과 슈반이라는 두 생물학자가 살고 있었습니다. 이들은 매우 친한 친구 사이였습니다.

어느 날 현미경으로 동물 세포를 열심히 관찰하던 슈반은 이상한 것을 발견했습니다. 둥근 씨알처럼 생긴 것이 세포 속에 들어 있는 것이었습니다. 슈반은 이것이 무엇인지를 밝혀내기 위해 오랫동안 고민하고 관찰했습니다.

하루는 그가 슐라이덴을 자기 집으로 초대하여 자신이 발견한 이상한 사실을 알려 주었습니다.

슈반의 이야기를 들은 슐라이덴은 흥분하기 시작했습니다. 이 당시 슐라이덴이 관심을 갖고 연구하던 분야는 식물 세포에 관한 것이었는데, 슈반이 발견한 것이 식물 세포에서 자신이 관찰한 것과 매우 비슷하다는 느낌을 받았기 때문입니다.

이리하여 슐라이덴은 동물 세포와 식물 세포 사이에 유사한 점이 있으리라는 생각을 갖게 되었습니다. 슐라이덴은 곧바로 슈반의 실험실로 갔습니다. 두 사람은 이 곳에서 밤을 새우며 동물 세포와 식물 세포를 관찰했습니다. 관찰을 통해 이들은 동물 세포와 식물 세포 속에는 하나의 알맹이가 존재한다는 결론을 얻어냈습니다.

그리고 이들은 이 알맹이의 정체가 무엇이고 또 어떻게 해서 만들어지며 세포 내에서 어떤 작용을 하는지 계속 같이 연구하기로 약속했습니다.

그러던 어느 날이었습니다. 실험실에서 현미경으로 세포를 관찰하고 있던 슐라이덴은 자신의 눈을 의심하지 않을 수 없는 신비한 현상을 발견했습니다.

슐라이덴은 세포 안의 둥근 알맹이 옆에 똑같은 또 하나의 둥근 알맹이가 생겨나고 있는 현상을 목격한 것입니다. 슐라이덴은 자신도 모르게 중얼거렸습니다.

"아니, 도대체 이게 어떻게 된 일인가? 아, 두 알맹이의 가운데가 나누어지고 있지 않은가! 어떻게 이런 일이 일어날 수 있을까? 하나의 세포가 두 개의 세포로 분열하고 있지 않은가? 아, 오묘한 자연의 신비여!"

슐라이덴은 이 사실을 곧바로 슈반에게 알렸습니다. 슐라이덴과 슈반은 이 현상에 대해서 서로 연구하고 관찰한 후 다음과 같은 공통된 결과를 얻어내었습니다.

'세포는 모든 생명체가 생명을 유지할 수 있게 하는 최소의 생명 단위이다.'

그 후에도 이 두 사람은 세포에 관해 많은 연구를 거듭한 결과 다음과 같은 연구 결과를 발표했습니다.

1. 세포의 형태는 다양하다. 즉 어떤 것은 원이나 세모, 네모 모양을 하고 있기도 하고, 또 어떤 것은 가늘거나 굵은 모양, 길고 짧은 모양을 하고 있다. 그렇지만 모든 종류의 동물과 식물은 세포로 이루어져 있다.

2. 모든 종류의 세포는 그 종류나 형태에 관계없이 세포 안

에 반드시 알맹이, 즉 핵을 가지고 있다.

3. 생물들 중에는 아메바나 짚신벌레와 같이 하나의 세포, 즉 단세포로 이루어져 있는 것들도 있다. 그리고 고등 생물일수록 많은 세포로 이루어져 있다. 그렇지만 그것 역시 처음에는 하나의 세포였다.

4. 모든 세포는 크기에 관계없이 한 개의 세포가 분열하는 현상에 의해서 만들어진다. 이런 과정을 거쳐 많은 수의 세포가 만들어지게 되고 그로 인해서 성체가 된다.

이렇게 해서 세포설은 확립된 것입니다.

 사고하기

세포는 분열합니다. 즉 일정한 크기에 도달한 세포는 증식하기 위해서 분열하는 것입니다. 세포는 무한히 자라는 것이 아닙니다. 세포는 한 개에서 두 개로, 두 개에서 네 개로, 네 개에서 여덟 개로 계속 분열합니다.

그러므로 인간이나 동물의 몸이 커지는 것을 세포가 커졌기 때문이라고 생각해서는 안 되겠죠. 이것은 세포가 분열해서 세포의 수가 증가한 것입니다.

그렇다면 세포는 왜 분열하는 것일까요? 간단하게 말해서 이것은 세포가 살아 남기 위해서입니다.

이것에 관해 좀더 구체적으로 알아봅시다.

면적은 길이의 제곱으로 증가하지만 부피는 길이의 세제곱으로 증가하지 않습니까? 즉 면적은 가로와 세로의 곱이고 부피는 가로, 세로, 높이의 곱입니다. 그러니 길이가 2배 증가하면 면적은 4배 증가하게 되고 부피는 8배로 커지게 될 것입니다. 그리고 이러한 증가율은 길이가 길어지면 길어질수록 더 커지게 될 것입니다.

우리는 이 사실에서 표면적의 증가가 부피의 증가를 뒤따르지 못한다는 사실을 쉽게 이끌어 낼 수 있습니다.

그렇습니다. 표면적의 증가율이 부피의 증가율을 뒤따르지 못한다는 사실, 이것이 중요합니다. 이것은 하나의 진리입니다. 따라서 이것은 모든 표면적과 부피를 가진 물체에 대해서 항상 적용되고, 세포 역시 예외는 아닙니다.

세포는 세포막을 통해서 영양분을 공급받습니다. 그런데 세포가 무한정 증가만 한다면 세포막의 표면적 증가율은 세포 부피의 증가율을 도저히 따라가지 못할 것입니다.

그러면 결국 어떤 일이 벌어지겠습니까? 세포막을 통한 세

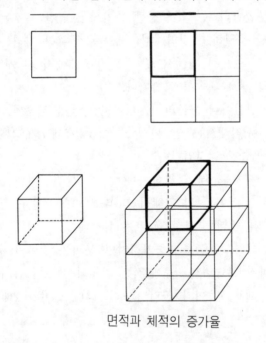

면적과 체적의 증가율

84

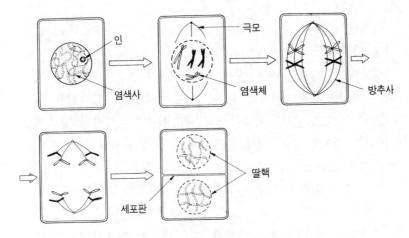

인
염색사
극모
염색체
방추사
딸핵
세포판

식물 세포의 체세포 분열 과정

포로의 물질 출입에 불균형이 나타나게 될 것이고, 그로 인해서 생명에 매우 불행한 결과가 초래되지 않겠어요?

그리고 이 외에도 한 가지의 사건이 더 벌어지게 됩니다. 이것은 세포 내에 있는 핵의 통제가 불가능해진다는 것입니다. 즉 세포 내부에는 생명 활동을 지배하는 유전 물질을 함유하고 있는 핵이 존재하는데 세포의 체적이 무한정 커진다면 핵 혼자만의 힘으로는 거대한 세포를 제어하고 통제할 수 없게 되지 않겠어요?

이제부터는 실질적인 세포의 분열로 들어가서 체세포 분열과 감수 분열에 대해서 알아보도록 합시다.

체세포 분열이란 생물체를 구성하고 있는 세포가 분열해서 2개가 되는 분열을 말합니다. 다시 말하면 체세포 분열은 생식 세포가 만들어지는 분열 이외의 모든 분열로서 일반적인 세포나 핵이 분열하는 것이기 때문에 그냥 세포 분열이라고도 합니다.

이것에 비해서 감수 분열이란 생식 세포를 만들어 내는 분열을 말합니다.

생물의 각 종은 특별한 수의 염색체를 가지고 있습니다. 가령 초파리는 8개, 양파는 16개, 사람은 46개의 염색체를 가지고 있는 것입니다. 이로부터도 예측할 수 있겠지만 염색체의 수는 짝수입니다. 그래서 염색체의 수를 표시할 때에는 일반적으로 $2n$으로 나타냅니다.

그런데 체세포 분열과 감수 분열이 일어나는 과정에는 염색체 수에 변화가 있을 때도 있고 없을 때도 있습니다.

체세포 분열 과정에는 염색체 수가 변하지 않습니다. 즉 체세포 분열 과정의 염색체 수는 $2n$에서 $2n$입니다.

그렇지만 감수 분열 과정에서는 염색체의 수가 변하기도 하고 변하지 않기도 하는데, 앞의 분열을 제1분열, 뒤의 분열을 제2분열이라고 합니다. 즉 제1분열은 염색체의 수가 절반으로 줄어드는 분열($2n$에서 n)이고 제2분열은 절반으로 줄어든 염색체의 수가 변하지 않는 분열(n에서 n)입니다.

체세포가 분열하는 과정은 전기, 중기, 후기, 말기의 4단계로 나누어집니다.

전기에는 중심체가 분리되고 염색사가 응축되어 염색체를 형성하게 되는데, 이 때 핵막과 인이 없어집니다.

중기에는 염색체가 적도면에 배열되고 방추사가 염색체의 동원체에 부착됩니다.

후기에는 염색체가 두 개의 염색체로 분리되고 방추사에 의해서 양극으로 이동합니다.

말기에는 염색체가 다시 염색사로 되고 핵막과 인이 다시 생기게 되는데, 이렇게 해서 두 개의 딸핵이 만들어지게 되는 것입니다.

체세포 분열 과정 중 각각의 염색체가 세로로 분열하여 처음과 같은 염색체가 딸핵으로 전달되므로 딸세포의 염색체 수가 모(엄마)세포의 염색체 수와 동일한 2n개가 되는 것을 알 수 있습니다.

앞에서 감수 분열은 염색체의 수가 2n에서 n으로 반감되는 제1분열과 n에서 n으로 일정한 제2분열로 이루어진다고 했습니다.

그러니 좀더 엄밀하게 말하면 감수 분열이란 제1분열과 제2분열이라는 2회의 연속 분열로 인해 염색체 수가 절반으로 줄어들지만, 그 결과로 딸핵 세포가 4개 만들어지는 분열이라고 할 수 있습니다.

감수 분열의 제1분열을 이형 분열이라고 하는데, 이 분열도 체세포의 분열처럼 4단계의 분열 과정, 즉 전기, 중기, 후기, 말기로 나누어집니다.

전기에는 염색사(핵 안에 흩어져 있는 실 모양의 것으로 DNA와 단백질로 이루어져 있습니다.)가 응축되어 염색체로 되며 상동 염색체(모양과 크기가 같은 염색체)끼리 모여 쌍으로 된 굵은 이가 염색체를 만들게 되는데, 이 때 염색 분체들이 X자 모양으로 꼬여지게 됩니다.

중기에는 이가 염색체가 적도면에 배열되고 방추사가 붙게 됩니다.

후기에는 이가 염색체가 서로 하나씩 분리되어 양극으로 이동됨으로써 염색체의 수가 절반으로 줄어들게 됩니다.

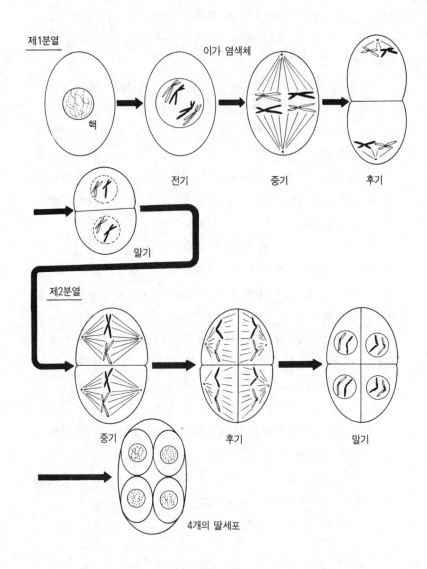

이가 염색체

핵

전기

중기

후기

말기

제2분열

중기

후기

말기

4개의 딸세포

동물 세포의 감수 분열 과정

말기에는 양극으로 이동된 염색체가 염색사로 되돌아가지 못한 채 두 개의 딸핵이 형성됩니다.

이것에 이어져 제2분열, 즉 동형 분열이 이루어지는데 동형 분열에서는 체세포 분열의 중기, 후기, 말기의 과정을 거쳐서 4개의 딸세포가 만들어집니다.

 탐구하기

문 어떤 세포를 현미경으로 관찰했더니 염색체가 다음과 같았습니다. 그러면 다음 중에서 이 생물의 핵상과 염색체 수를 올바르게 표현한 것은 어느 것일까요?

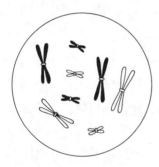

ㄱ) $n=8$

ㄴ) $n=16$

ㄷ) $2n=8$

ㄹ) $2n=16$

ㄹ) $3n=8$

답 염색체가 4쌍으로 되어 있지 않습니까? 그러므로 이것의 핵상은 복상, 즉 $2n$이 될 것입니다.

그리고 복상인 염색체가 8개 있으니 이 생물의 핵상과 염색체 수는 $2n=8$로 표시할 수 있을 것입니다.

정답은 ㄷ)입니다.

문 만약 이 세포가 체세포 분열을 마쳤다면 그로부터 생기는 세포의 염색체 모양은 어떻게 될까요?

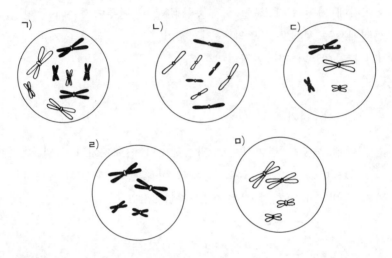

답 체세포 분열은 염색체의 수에는 변화가 없는 분열 과정입니다. 그러니 체세포 분열이 끝났더라도 염색체의 수는 처음과 동일한 8개가 되어야만 할 것입니다.

그러나 체세포 분열의 경우에는 각각의 염색체가 둘로 나누어지게 됩니다. 따라서 체세포 분열이 이루어진 후 생기는 세포의 염색체 모양은 ㄴ)과 같은 모양이 될 것입니다.

정답은 ㄴ)입니다.

● **좀더 알아봅시다**

세포의 주기에는 간기와 분열기가 있습니다.

간기란 세포 분열이 이루어진 후 다음 세포 분열이 시작될 때까지의 기간을 말하는데, 이것은 다시 G1기, S기, G2기로 나누어집니다.

90

G1기에는 단백질이 합성되고 세포가 생장합니다.

S기에는 DNA의 자기 복제가 이루어져 DNA의 양이 2배로 증가하게 됩니다.

G2기에는 세포가 최대로 증가하게 되는데 이 시기가 바로 세포 분열이 이루어지려는 시기입니다.

분열기는 일반적으로 M으로 표시하는데, 이 시기는 말 그대로 세포가 분열하는 시기입니다. 이 시기는 우리가 세포 분열 과정을 탐구하면서 알아본 것처럼 전기, 중기, 후기, 말기로 나누어집니다.

개구리 알과 성게 알
— 발생 —

 이야기

'알 속에서 어떻게 생물이 태어나는 것일까?'

이 문제에 대해서 옛날 사람들은 이렇게 생각했습니다.

'알 속에 이미 모양이 갖춰진 생물이 들어가 있는 것이다.'

즉 옛날 사람들은 생물체의 새끼가 아주 작지만 완전한 형태로 이미 알 속에 들어 있다고 생각했습니다.

이런 생각이 틀린 것이라는 사실은 이미 18세기 중엽에 밝혀졌습니다. 그렇지만 쉽게 인정을 받지는 못했습니다. 그러다가 19세기 후반에 들어와 루라는 생물학자에 의해서 이 신비는 완벽하게 벗겨지기 시작했습니다.

루는 생명 탄생의 신비에 대해서 의문을 가졌습니다.

'어미가 알을 낳았을 때에는 머리, 몸통, 팔, 다리가 구별되지 않는데, 어떻게 해서 신체의 각 부분이 분화된 완전한 형태의 생물이 만들어지는 것일까?'

그는 이렇게 추측했습니다.

'알이 분할될 때 그 하나하나의 조각에 생물의 형체를 결정해 주는 유전 물질이 들어가 있는 게 분명해.'

루는 자신의 생각을 증명해 보이기 위해서 여러 가지 실험을 계획했습니다. 루는 실험 대상으로 개구리 알을 선택했습

92

니다.

루는 먼저 준비한 바늘을 불에 달구었습니다. 그러고 나서 두 개로 나누어진 개구리 알의 한쪽을 이 바늘로 찔렀습니다. 바늘에 찔린 알은 파괴되었지만 다른 쪽 알은 계속 분열해 나갔습니다.

루는 이 실험의 결과를 예측해 보았습니다.

'만약 나의 생각이 옳다면 개구리의 반쪽이 만들어져야만 할 것이다.'

결과는 루의 예상대로였습니다. 루는 이 실험 결과로부터 다음과 같은 결론을 이끌어 냈습니다.

'개구리의 알에는 어느 부분이 머리가 되고, 팔과 다리가 되며, 몸통이 되는 것인지 이미 결정되어 있다.'

대부분의 생물학자들이 루의 실험 결과에 탄복했습니다. 그러나 이에 동의하지 않는 사람도 있었습니다. 그 중 한 사람이 드리슈라는 생물학자였습니다.

드리슈는 개구리의 알 대신 성게의 알을 이용해서 실험했습니다. 그는 세포 분열이 이루어지는 성게의 알을 상처가 나지 않도록 매우 조심하면서 두 개로 떨어뜨렸습니다. 그러고는 떨어진 알이 각각 분할해 나가도록 놔두었습니다. 그랬더니 이상한 결과가 나타났습니다. 각각의 알이 계속 분할하여 마침내는 두 마리의 성게로 자란 것입니다.

이것은 루의 실험과 반대되는 결과입니다. 루의 결론에 따른다면 두 개로 나누어진 성게의 알에서는 완전한 두 마리의 성게가 아니라 반쪽의 형체를 가진 성게 두 마리가 태어나야만 했기 때문이지요.

드리슈는 실험을 계속했습니다. 그는 한 개의 성게 알이 네

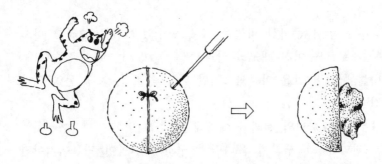

불에 달군 바늘로
개구리 알의 반쪽을 찔러 죽인다

파괴되지 않은 반쪽의 개구리 알에서
개구리의 반쪽이 만들어진다

루의 실험

개로 나누어졌을 때 이것을 교묘히 분할하여 각각 나누어 성
장시켰습니다. 그랬더니 먼저 실험과 같은 결과가 나왔습니
다. 단지 성게의 크기만 약간 작아졌을 뿐 네 마리의 성게가
태어난 것입니다.

그는 성게 알이 8개로 분할된 경우에도 실험해 보았습니다.
역시 결과는 앞의 실험과 똑같았습니다.

그리하여 드리슈는 다음과 같은 결과를 발표했습니다.

"성게의 알이 나누어질 때 그 각각에는 완전한 형체를 이룰
수 있는 모든 독립된 기능이 갖추어져 있다."

 사고하기

루와 드리슈의 실험은 생물학자들을 갈팡질팡하게 만들었습
니다. 그도 그럴 것이 두 사람의 실험 결과가 모두 옳았기 때
문이지요. 이 당혹스러움은 알에는 두 종류가 있다는 사실이

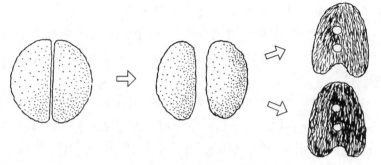

성게의 수정난을 두 개로 분리시키면 두 마리의 성게가 된다

드리슈의 실험

밝혀짐으로써 해결되었습니다.

　두 종류의 알이란 조정란과 모자이크란입니다. 성게와 같이 분할된 각각의 알이 완전한 형체로 성장할 수 있는 알을 조정란이라 부르고, 개구리의 알과 같이 일찍부터 알의 각 부분이 어떻게 성장할 것인지 예정되어 있는 알을 모자이크란이라고 합니다.

　그러면 알에서 어떻게 완전한 형태의 생물이 형성되는지 그 과정을 알아보도록 합시다.

　정자와 난자가 만나면 수정이 이루어집니다. 수정된 알이 세포 분열을 여러 번 거듭하여 세포의 수를 증가시키고 조직과 기관을 만들어 가면서 완전한 하나의 개체로 성장해 가는 과정을 발생이라고 합니다. 즉 복잡하면서도 매우 체계적인 여러 과정을 거쳐 하나의 완전한 생명체가 탄생하기까지의 변화 과정, 이것을 발생이라고 하는 것입니다.

　생물의 종에 따라서 발생하는 방식은 각양각색입니다. 그러나 종에 상관없이 거의 모든 생물이 공통적으로 거치는 발생 과정이 있습니다. 이 과정은 난할과 형태 형성의 과정입니다.

정핵과 난핵이 결합한 수정란은 세포 분열을 통하여 세포의 수를 늘리는데, 수정란의 초기 세포 분열 과정을 난할이라고 합니다.

수정이 이루어지면 알은 난할을 하게 되는데, 난할의 시작은 세로 방향입니다. 즉 알은 처음 세로 방향으로 나누어지는 난할에 의해서 두 개의 세포로 분열되는 것입니다. 이렇게 해서 생긴 세포를 할구라고 합니다.

잠시 후 알은 또다시 분열하게 되는데 두번째의 분열은 처음의 방향에 대해 직각으로 일어나게 됩니다. 이렇게 해서 4개의 세포가 만들어집니다.

그리고 세번째의 난할은 두번째 분열에 의해서 만들어진 4개의 세포를 수평으로 자르는 분할 과정입니다. 이렇게 해서 8개의 세포가 만들어집니다.

이런 난할 과정은 그 뒤에도 계속되어 세포의 수가 16개, 32개, 64개로 점점 증가하게 됩니다. 그렇지만 난할이 이루어지는 동안 세포는 성장하지 않기 때문에, 할구의 수는 점점 증가해 가지만 할구의 크기는 반대로 점점 작아지게 됩니다.

난할이 계속 진행되면 할구의 크기가 작아져서 뽕나무의 열매와 같은 모양이 되는데, 이 시기를 상실기라고 합니다.

상실기의 할구는 시간이 흐름에 따라서 표면으로 배열하게 됩니다. 그렇게 됨으로써 알 속은 텅 비게 되는데 이 시기를 포배기라고 합니다. 즉 포배기는 속이 텅 빈 공 모양의 형태를 가진 세포 시기를 말합니다.

포배기는 난할 과정의 마지막 단계입니다. 포배가 형성되기까지는 생물체가 성장하지 않고 단지 알만 작게 나누어집니다.

  그렇다고 알의 세포 분열이 여기에서 중지되는 것은 아닙니다. 이후에도 분열은 계속 진행되어 세포의 어떤 부분이 움푹 들어가게 됩니다.

  이 시기를 낭배기라고 하지요. 이 때 바깥쪽을 에워싸고 있는 세포층을 외배엽, 안쪽을 둘러싸고 있는 세포층을 내배엽이라고 부릅니다. 그리고 낭배의 후기 때에는 내배엽과 외배엽 사이에 또 다른 하나의 배엽이 더 생기게 되는데 이것을 중배엽이라고 합니다.

  낭배기부터 생물체의 형태는 만들어지기 시작합니다. 외배엽, 중배엽, 내배엽에서는 생물체의 조직과 기관이 형성됩니다. 이렇게 해서 하나의 새로운 개체가 탄생되는 것입니다.

  외배엽, 중배엽, 내배엽이 만들어 내는 기관을 각각 외배엽성 기관, 중배엽성 기관, 내배엽성 기관이라고 하는데 이들이 각각 만들어 내는 기관은 다음과 같습니다.

  외배엽성 기관 : 피부, 머리카락, 손톱, 눈, 코, 입, 털,
　　　　　　　　뇌, 척수
  중배엽성 기관 : 척색, 뼈, 근육, 심장, 혈액, 신장, 생식기

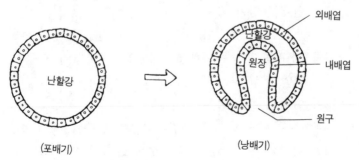

(포배기)　　　　　　　(낭배기)
외배엽과 내배엽이 만들어지는 과정

내배엽성 기관 : 위, 식도, 인두, 이자, 소화샘, 폐, 내분비
          선, 방광

탐구하기

문 동물의 초기 발생 과정은 대체적으로 일치합니다. 그러
면 다음 중에서 동물의 초기 발생 순서를 옳게 나타낸
것은 어느 것일까요?

ㄱ) 수정란→4개의 할구가 생김→2개의 할구가 생김→8
   개의 할구가 생김→뽕나무의 열매 모양이 됨→표면에
   할구층이 만들어지고 속이 비게 됨→외배엽, 내배엽,
   중배엽이 만들어짐.

ㄴ) 수정란→2개의 할구가 생김→4개의 할구가 생김→8
   개의 할구가 생김→표면에 할구층이 만들어지고 속이
   비게 됨→뽕나무의 열매 모양이 됨→외배엽, 내배엽,
   중배엽이 만들어짐.

ㄷ) 수정란→2개의 할구가 생김→4개의 할구가 생김→8
   개의 할구가 생김→표면에 할구층이 만들어지고 속이
   비게 됨→외배엽, 내배엽, 중배엽이 만들어짐→뽕나
   무의 열매 모양이 됨.

ㄹ) 수정란→2개의 할구가 생김→4개의 할구가 생김→8
   개의 할구가 생김→외배엽, 내배엽, 중배엽이 만들어
   짐→표면에 할구층이 만들어지고 속이 비게 됨→뽕나
   무의 열매 모양이 됨.

ㅁ) 수정란→2개의 할구가 생김→4개의 할구가 생김→8
   개의 할구가 생김→뽕나무의 열매 모양이 됨→표면에

할구층이 만들어지고 속이 비게 됨→외배엽, 내배엽, 중배엽이 만들어짐.

답 수정란이 난할을 시작하여 할구가 만들어지는 과정은 2, 4, 8, 16, 32, 64…… 의 순서이지요.

뽕나무의 열매 모양이 되는 시기는 상실기, 표면에 할구층이 만들어지고 속이 비게 되는 시기는 포배기, 외배엽, 내배엽, 중배엽이 만들어지는 시기는 낭배기라고 합니다. 이 순서는 상실기, 포배기, 낭배기의 순서이지요.

따라서 정답은 ㅁ)입니다.

문 경수는 성게의 수정란을 이용해서 DNA의 양과 세포질의 양에 관한 실험을 했습니다. 그러고는 다음과 같은 실험 결과를 얻어냈습니다.

발생 시기	DNA의 양	세포질의 양
수정란	0.2mg	6.4ml
2개의 할구	0.2mg	3.2ml
4개의 할구	0.2mg	1.6ml
8개의 할구	0.2mg	0.8ml
16개의 할구	0.2mg	0.4ml
⋮	⋮	
포배기	0.2mg	0.0002ml

그러면 이 실험으로부터 이끌어 낼 수 있는 가장 타당한 결론은 다음 중 어느 것일까요?

ㄱ) 성게 수정란의 핵은 수정란이 난할하는 데 전혀 영향을

미치지 않는다.
ㄴ) 성게 수정란의 핵과 세포질의 양은 난할이 일어나도 전혀 변하지 않는다.
ㄷ) 32개의 할구가 만들어질 때 성게 수정란의 할구에 포함될 세포질의 양은 0.0002ml이다.
ㄹ) 성게 수정란이 난할하는 분열 속도는 빠르다.
ㅁ) 성게의 수정란은 난자와 정자의 도움 없이도 만들어질 수 있다.

답 이 실험 결과를 보면 성게 수정란의 DNA 양은 발생이 진행되더라도 0.2mg으로 변하지 않았습니다. 그렇지만 세포질의 양은 기하 급수적으로 6.4ml에서 0.0002ml로 변했습니다.

그렇다면 핵의 양이 변하지 않았으니 체세포 분열이라고 볼 수 있으며, 세포질의 양은 난할이 일어날 때마다 기하 급수적으로 줄어들었으니 분열 속도가 빨랐음을 알 수 있을 것입니다.

성게 수정란이 난할하는 데 영향을 미치지 않는 것은 핵이 아니라 핵의 양입니다. 성게 수정란의 난할 과정 동안 변하지 않은 것은 핵의 양이지 세포질의 양이 아닙니다. 성게 수정란의 난할 과정을 보면 32개의 할구가 만들어질 때 할구에 포함될 세포질의 양은 0.4ml의 절반인 0.2ml가 될 것입니다. 난자와 정자의 도움 없이 성게 수정란이 만들어질 수는 없습니다.

그러므로 정답은 ㄹ)입니다.

알에서 이제 막 깨어난 곤충의 새끼는 어른이 될 때까지 모양과 기능이 여러 번 변하게 되는데 이것을 곤충의 변태라고 합니다.

곤충의 변태에는 완전 변태와 불완전 변태가 있습니다. 이것의 차이는 그 과정에 번데기의 기간을 거치느냐 그렇지 않느냐에 있습니다. 구체적으로 말하면 알에서 깨어난 유충이 성체가 되기까지의 과정 동안 번데기의 과정을 거치면 그것은 완전 변태이고 그렇지 않으면 불완전 변태입니다.

완전 변태: 알→유충→번데기→성충

불완전 변태: 알→유충→성충

완전 변태를 하는 곤충에는 나비, 모기, 파리, 벌 등이 있고, 불완전 변태를 하는 곤충에는 메뚜기, 잠자리, 매미 등이 있습니다.

수도원의 완두콩
― 멘델의 법칙 ―

 이야기

19세기 중반 오스트리아의 한 수도원. 긴 옷자락을 날리며 한 수도사가 문을 열고 걸어 나오고 있었습니다. 이 수도사의 이름은 멘델. 오늘날 우리에게 위대한 유전학자로 기억되고 있는 바로 그 멘델이었습니다.

시골에서 가난한 농부의 아들로 태어난 멘델은 경제적 어려움 때문에 수도원에 들어가게 되었던 것입니다.

그는 매일 완두콩이 자라고 있는 곳으로 갔습니다. 완두콩이 심어져 있는 곳에 다다르자 그는 서둘러 연구를 시작했습니다.

그는 옷소매에서 작은 솔 한 개를 끄집어냈습니다. 그는 이 것을 빨간색 꽃에 갖다 대었습니다. 그런 다음 이 솔을 옆에 활짝 피어 있는 흰색 꽃에 묻혔습니다. 그는 어찌 보면 단순하고 유치하기까지 해 보이는 이런 일을 연구라고 하고 있었던 것입니다.

멘델은 여러 종류의 수많은 꽃에 이런 식의 일을 되풀이하였습니다.

그러나 이러한 실험이 유전의 법칙을 발견해 낸 실험이라는 것을 당시에 누가 알았겠습니까?

멘델이 수도원에 처음 들어왔을 때 그의 직책은 교사였습니다. 멘델의 완두콩에 대한 실험은 이 때부터 시작되었다고 할 수 있습니다.

완두콩에 대한 그의 실험은 약 10년이라는 긴 세월을 거쳐 1860년대 중반에 들어와 거의 마무리 단계에 접어들게 되었습니다.

이 실험을 통하여 멘델은 유전학에 대한 체계적인 이론을 만들어 냈던 것입니다.

이 기간 동안의 실험 과정은 그야말로 집념과 끈기의 ·과정
이었습니다. 멘델은 이 기간 동안 수백여 회에 달하는 교접을
완두콩에 실시했고, 만여 가지 이상의 잡종에 관해서 연구했
습니다.

멘델은 자신의 연구 결과를 1865년의 자연 연구 학회에서
발표했습니다.

여기에서 그는 자신의 실험이 유전을 연구하기 위한 목적이
었으며, 완두콩이라는 하나의 식물에 대해서만 이루어진 결과
임을 강조했습니다.

그리고 자신의 연구 방법이 합리적이고 타당성이 있는지,
그리고 이 실험 결과가 다른 종에도 유사하게 적용될 수 있는
지 밝혀 줄 것을 요구했습니다.

그 다음해 멘델은 연구 결과를 『식물 잡종에 관한 연구』라
는 제목의 책으로 출판했습니다. 그렇지만 그 당시의 학자들
로부터 환영을 받지는 못했습니다.

그 주된 이유는 식물학에 수학(확률에 관한 아주 기초적인
이론임에도 불구하고)이라는 반갑지 않은 이단자를 결부시켰
다는 점 때문이었습니다.

그리하여 멘델의 이 뛰어난 이론은 사람들로부터 외면당한
채 인정받을 날만을 기다리며 수십 년 동안 버림받은 상태로
있어야 했습니다.

 사고하기

오늘날의 유전 이론을 처음으로 연구한 사람은 멘델입니다.

멘델은 완두콩을 교배시키고 그로부터 얻은 결과를 분석해서 유전의 법칙을 발견해 냈습니다. 완두콩은 성장도 빠를 뿐만 아니라 주위의 환경 변화에도 상당히 강한 저항력을 가지고 있습니다.

처음부터 멘델이 완두콩의 이런 특성을 알고서 실험의 대상으로 선택한 것이었는지, 아니면 우연에 의한 것이었는지 잘 모르겠지만 이 선택은 훌륭한 것이었습니다.

멘델은 서로 다른 형질을 가진 완두콩들을 인위적으로 수정시켰습니다. 즉 그는 이 식물의 꽃망울을 열고 아직 완전히 성숙되지 않은 수술을 제거시킨 다음 이 꽃의 암술머리에 다른 개체로부터 얻은 성숙한 수술을 붙여 줌으로써 수정을 시켰던 것입니다.

수정 후 나타난 결과는 다양했습니다. 씨의 모양도 색깔도 가지각색이었습니다. 어떤 것은 쭈글쭈글하고 어떤 것은 팽팽하며, 양분 저장 기관인 지엽의 색깔도 어떤 것은 초록색을 띠었고 어떤 것은 노란색을 띠고 있었습니다. 그리고 꽃의 색깔도 흰색과 빨간색이 나타났습니다.

그러면 이제부터 멘델이 완두콩에 대해 어떤 실험을 했으며 그로부터 얻은 결과를 어떻게 해석하고 분석해서 하나의 법칙으로 이끌어냈는지 좀더 자세하게 알아보도록 합시다.

멘델은 먼저 주름진 완두콩의 씨와 둥근 완두콩의 씨를 상호 교배시켰습니다. 즉 멘델은 둥근 형질의 수술을 주름진 형질의 암술에 붙여 주기도 하고, 주름진 형질의 수술을 둥근 형질의 암술에 붙여 주기도 했습니다.

멘델은 이 두 가지 경우에서 어떤 모양의 열매가 맺히는지를 관측하려고 했던 것입니다.

완두콩의 자손은 어떤 모양이었을까요? 둥근 모양이었을까요, 주름진 모양이었을까요, 아니면 두 모양이 혼합된 것이었을까요?

모든 자손의 모습은 둥근 모양이었습니다. 중간형의 모습은 말할 것도 없고 주름진 형의 모습을 한 자손도 전혀 나타나지 않았습니다. 멘델은 이것을 잡종이라고 불렀는데 그가 이렇게 부른 이유는 모양이 서로 다른 어버이로부터 만들어졌기 때문입니다.

그러면 여기에서 어버이 세대와 잡종 세대를 기호를 사용해서 구별해 줍시다. 즉 어버이 세대를 P, 잡종 세대를 F라고 말입니다.

이렇게 되면 태어날 맨 처음 자손은 F_1, 다음 자손은 F_2, 그 다음 자손은 F_3, 다음은 F_4……가 될 것입니다.

멘델은 F_1 세대의 둥근 씨를 모두 심었습니다. 이로부터 그는 7,324개의 F_2 세대를 얻어냈습니다.

그런데 이 F_2 세대의 씨에서는 F_1 세대에서는 발견되지 않았던 주름진 형질이 발견되었습니다. 구체적으로 말하면 F_2 세대의 씨 7,324개 중 5,474개가 둥근 형질이었고, 1,850개가 주름진 형질이었습니다.

멘델은 계속해서 F_2 종자를 심어 보았습니다. 즉 주름진 형질과 주름진 형질, 둥근 형질과 둥근 형질, 둥근 형질과 주름진 형질의 씨앗을 골고루 교배시켰더니 F_3 세대에서는 주름진 형질과 주름진 형질, 둥근 형질과 둥근 형질끼리 교배시킨 경우에는 전부 주름진 형질과 둥근 형질의 자손이 나타났으나 둥근 형질과 주름진 형질을 교배시킨 경우에는 약 3:1의 비율로 둥근 형질과 주름진 형질이 나타났습니다.

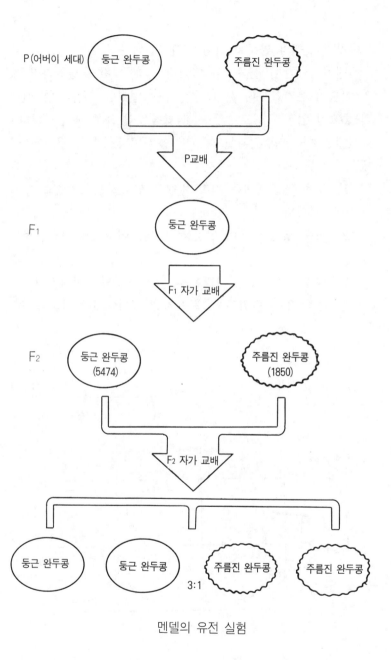

멘델의 유전 실험

이것이 멘델의 완두콩 실험 결과였습니다.

멘델이 단지 이 결과만을 얻어내는 데 그치고 말았다면 그의 이름이 유전학사에 길이 남을 수는 없었을 것입니다. 멘델의 중요한 업적은 이로부터 유전 법칙을 발견해 낸 점입니다.

멘델은 이 실험 결과를 놓고 다음과 같은 가설들을 만들어 냈습니다.

1) 모든 생물체에는 형질 발현을 조절하는 한 쌍의 인자가 있다.
2) 모든 생물체는 이 인자를 반드시 어버이로부터 물려받는다.
3) 양친으로부터 물려받은 각각의 인자는 독립적이고도 변함 없는 단위로서 계속 자손 세대에게 물려준다.

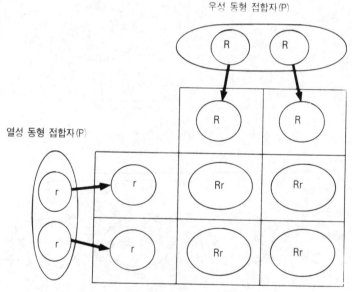

멘델의 가설에 의한 P(어버이 세대) 교배

4) 정자나 난자와 같은 생식 세포가 만들어질 때 인자들은 분리된 단위로서 각각의 배우자에게 분배된다.
5) 한 생물이 특정한 형질을 나타내는 다른 두 가지의 인자를 가지고 있다면, 그 중 한 인자는 다른 인자에 의해서 완전히 억압당한 채 한 인자만 나타나게 된다.

멘델이 제시한 이 가설 중 가설 1)에서 언급된 인자가 바로 오늘날 유전자라고 부르는 것이고, 가설 5)에서 언급한 두 인자의 형질 중 강력한 인자의 형질(둥근 형질)을 우성 형질, 억압당한 인자의 형질(주름진 형질)을 열성 형질이라고 부르는데, 이처럼 상대되는 유전자를 대립 인자라고 부릅니다. 가설 4)는 멘델의 법칙 중 하나인 분리의 법칙이라고 합니다.

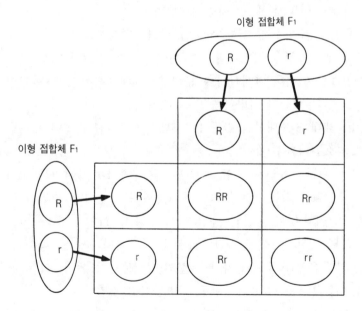

P(어버이 세대)에서 얻은 F₁끼리의 자가 교배

그러면 멘델의 실험 결과에 대해 차근차근 분석해 나가도록 합시다.

어버이 세대 완두콩 중 둥근 형질을 가지고 있는 것의 유전자를 RR, 주름진 것의 유전자를 rr라고 표현하면 이 둘을 상호 교배시킨 F₁ 세대의 유전자는 Rr로 표현될 수 있을 것입니다.

이 때 RR나 rr와 같이 동일한 유전자 조합을 이루고 있는 접합을 동형 접합, Rr와 같이 다른 유전자 조합을 이루고 있는 접합을 이형 접합이라고 합니다.

F₁ 세대의 유전자 조합은 Rr라는 이형 접합의 형태이지만 F₁ 세대에서 나타나는 완두콩의 형질은 둥근 씨의 형질입니다.

이것을 어떻게 해석해야만 할까요?

유전자 R와 r 중 R는 우성이고 r는 열성이라는 사실을 도출해 낼 수 있을 것입니다. 즉 우성 유전자인 R가 열성 유전자인 r를 완전히 억제하기 때문에 F₁ 세대에서는 우성 형질인 둥근 씨의 형질만 나타나게 되는 것입니다.

F₁ 세대를 교배시켜 만든 F₂ 세대의 그 유전자 형태는 어떻게 되겠습니까?

F₁ 세대의 유전자 조합이 Rr니 두 개의 Rr 유전자를 교배시키면 RR, Rr, Rr, rr의 유전자형이 만들어질 것입니다. 즉 F₂ 세대에서 나타날 유전자 RR, Rr, rr의 조합의 비는 1:2:1입니다. 다시 말하면 F₂ 세대에서 나타나게 될 자손 중 4분의 1은 RR의 유전자형, 4분의 2(2분의 1)은 Rr의 유전자, 4분의 1은 rr의 유전자형이 만들어질 것입니다.

그렇지만 F₂ 세대에서 나타나는 자손의 외형적인 모습은 둥근 것과 주름진 것이 3:1의 비율로 나타나게 될 것입니다. 왜냐하면 RR와 Rr의 유전자형은 다르지만 R가 r보다 우성의 형질이기 때문입니다.

이처럼 겉으로 드러난 모습만 보고는 진정한 형질을 알 수 없을 때, 이 유전자의 형질을 밝혀 내는 방법이 필요합니다.

이럴 경우 사용하는 방법이 검정 교배 방법입니다.

유전자형이 RR와 rr인 완두콩을 교배시키면 그 자손의 유전자형은 Rr의 형태를 취하게 될 것입니다. 즉 자손은 전부 둥근 형질을 나타낼 것입니다. 그렇지만 유전자형이 Rr와 rr인 완두콩을 교배시키면 그 자손의 유전자형은 Rr와 rr의 형태가 될 것입니다. 즉 자손은 둥근 형질과 주름진 형질을 반반씩 나눠 가지게 될 것입니다. 따라서 그 자손의 형질이 어떤 비율로 나타났느냐를 알아보면 어버이의 유전자형이 RR인지 아니면 Rr인지를 알 수 있지 않겠습니까? 이 방법이 바로 검정 교배 방법입니다.

멘델의 유전 법칙 중에는 독립의 법칙이라고 하는 것도 있습니다. 이 법칙을 살펴보기 위해서는 양성 잡종 교배를 시켜야만 합니다. 양성 잡종이란 대립되는 2쌍의 유전 형질을 의미합니다.

예를 들면 씨의 모양이 둥글거나 주름졌다는 성질 이외에 꽃의 색이 노란색이냐 초록색이냐의 성질도 함께 고려할 경우 이를 양성 잡종이라고 합니다. 그러니 씨의 모양이 둥근지 혹은 주름졌는지의 한 가지 성질만을 이용한 것은 단성 잡종이라고 말할 수 있겠죠.

그러면 양성 잡종의 결과를 분석해 보도록 합시다.

둥글고 노란색을 띤 완두콩과 주름지고 초록색을 띤 완두콩을 교배시켰더니 둥글고 노란색을 띤 완두콩 자손이 나타났습니다. 그렇다면 이 결과로부터 무엇을 알 수 있겠습니까?

노란색이 초록색에 비해서 상대적으로 우성이라는 것을 알 수 있겠죠.

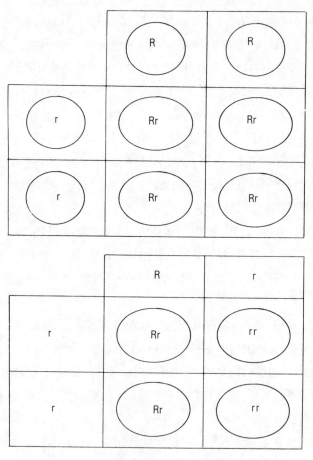

멘델의 검성 교배 실험

둥글거나 주름진 유전자형은 앞에서 고려한 것처럼 R와 r로 하고 노란색과 초록색의 유전자형은 Y와 y로 하면 둥글고 노란색 완두콩의 유전자형은 RRYY, 주름지고 초록색 완두콩의 유전자형은 rryy가 될 것입니다. 따라서 이 둘을 교배시킨 자손의 유전자형은 RrYy가 될 것입니다.

멘델은 이렇게 생각했습니다.

'RrYy의 유전자형을 가진 완두콩을 교배시킬 경우 유전자가 서로 간섭하지 않고 독립적으로 그 다음 자손에게 이어진다면 RY, rY, Ry, ry의 네 가지 유전자형으로부터 9:3:3:1이라는 생성비가 나타나게 될 것이다.'

즉 멘델은 둥글고 노란색의 완두콩, 주름지고 노란색의 완두콩, 둥글고 초록색의 완두콩, 주름지고 초록색의 완두콩이 대략 9:3:3:1의 비율로 나타날 것이라고 예측한 것입니다.

멘델의 실험은 자신의 생각이 옳았다는 것을 분명히 보여 주었습니다. 다음과 같은 실험 결과를 얻어냈기 때문입니다.

둥글고 노란색의 완두콩 315개, 주름지고 노란색의 완두콩 101개, 둥글고 초록색의 완두콩 108개, 주름지고 초록색의 완두콩 32개.

이렇게 해서 멘델의 또 하나의 유전 법칙인 독립의 법칙이 만들어지게 된 것입니다.

탐구하기

문 민수는 유전의 원리를 알아보고자 실험을 한 뒤, 그 해 가을 완두콩을 수확해 완두콩의 깍지를 모두 열어 모양을 살펴보았습니다.

민수가 다음 실험으로부터 확인한 유전 법칙은 무엇일까요?

> (1) 순종의 둥근 완두콩과 주름진 완두콩을 심었습니다.
> (2) 주름진 완두콩으로부터 자란 꽃잎에서는 수술을 모조리 제거시켰습니다.
> (3) 둥근 완두콩에서 자란 완두콩의 꽃가루를 주름진 완두콩에서 자란 완두콩의 암술에 묻혔습니다.
> (4) 둥근 완두콩에서 자란 완두콩을 모두 뽑아 버렸습니다.

ㄱ) 분리의 법칙
ㄴ) 독립의 법칙
ㄷ) 우열의 법칙
ㄹ) 검정 교배
ㅁ) 이것만을 가지고서는 알 수 없다.

답 민수의 실험에는 한 가지의 형질만이 나타나고 있습니다. 즉 완두콩의 둥근 형질과 주름진 형질이 그것이죠. 그러니 이 실험은 단성 잡종 실험이 될 것입니다.

단성 잡종의 실험 결과 F_1 세대에서는 우성의 형질만이 나타납니다. 이것이 우열의 법칙이지요.

분리의 법칙은 F_2 세대에서 나타나는 결과이고, 독립의 법칙은 양성 잡종으로부터 나타나는 결과이며, 검정 교배는 유전자형이 순종인지 잡종인지 알아보는 방법이므로 정답이 될 수 없습니다.

정답은 ㄷ)입니다.

문 그러면 이 때 완두콩의 둥근 모양이 주름진 모양에 대해서 우성의 형질이라고 하면, 민수가 가을에 수확한 완두콩들의 모양은 어떠할까요?

ㄱ) 둥근 모양:주름진 모양=3:1

ㄴ) 둥근 모양:주름진 모양=2:1

ㄷ) 둥근 모양:주름진 모양=1:1

ㄹ) 전부 주름진 모양이다.

ㅁ) 전부 둥근 모양이다.

답 민수가 수확한 완두콩은 모두 F_1 세대로서 우성만 나타나게 될 것입니다. 그런데 완두콩의 둥근 모양이 주름진 모양에 대해서 우성의 형질이니 완두콩의 모양은 모두 둥근 것이겠죠. 따라서 정답은 ㅁ)입니다.

● **좀더 알아봅시다**

유전 현상에는 중간 유전, 치사 유전, 복대립 유전 같은 것들도 있습니다. 그러면 이것들에 관해서 간단하게나마 알아보도록 합시다.

대립 유전자 사이에 우열 관계가 명확하지 못해서 F_1 세대의 개체가 중간형의 모양을 나타내는 유전을 중간 유전이라고 합니다. 또는 불완전 우성이라고도 하지요.

이것의 예로는 분꽃의 유전 실험을 들 수 있습니다. 붉은색의 분꽃과 흰색의 분꽃을 교배시키면 F_1 세대에서는 붉은색과 흰색의 중간색인 분홍색을 가진 분꽃이 나타납니다. 그리고 그 다음 세대인 F_2 세대에서는 붉은색, 분홍색, 흰색이 1:2:1의 비율로 나타나게 됩니다.

순종의 유전자를 가진 개체가 죽는 경우가 있는데, 이 때의 유전을 치사 유전이라고 합니다.

이것의 예로는 들쥐의 털색에 대한 교배를 들 수 있습니다. 들쥐의 털색에 있어서 황색(Y)은 우성이고 회색(y)은 열성입니다. 유전자형이 Yy인 들쥐끼리 교배시키면 그로부터 태어날 자손은 황색과 회색이 3:1, 즉 YY, Yy, Yy, yy로 분리되어야만 할 것입니다. 그런데 실제로 나타나는 결과는 3:1이 아닌 2:1입니다. 이것은 YY의 유전자형을 가진 들쥐가 죽기 때문입니다. 이 때 Y를 치사 유전자라고 하는데, Yy의 유전자형을 가진 들쥐는 죽지 않는 것으로 보아 Y는 치사 작용에는 열성으로 작용한다는 사실을 알 수 있습니다.

하나의 유전 형질을 결정하는 데 세 개 이상의 유전자가 관여하는 유전 현상이 있는데, 이것을 복대립 유전이라고 합니다.

이것의 예로는 사람의 ABO식 혈액형을 들 수 있습니다. ABO식 혈액형에 관계하는 유전자는 A, B, O의 세 개입니다. 이것으로서 나타낼 수 있는 유전자형은 여섯 가지가 됩니다. 즉 AA, AO, BB, BO, AB, OO가 그것이지요. 유전자 A와 B는 O에 대해서 우성이지만 A와 B 사이에는 우열 관계가 없습니다. 그리하여 표현되는 유전자형은 A, B, AB, O의 네 가지가 되는 것이지요. 우리가 흔히 말하는 A형, B형, AB형, O형의 혈액형이 바로 이것입니다.

생명 탄생의 비밀

― 염색체의 신비 ―

 이야기

인류가 지구상에 그 모습을 나타낸 이후 수많은 학자들이 생명체의 탄생에 대한 비밀을 풀려고 노력해 왔습니다. 그 동안 몇 가지 위대한 발견이 이루어지기는 했지만 아직까지도 이것에 대한 의문은 완전히 풀리지 못하고 비밀에 싸여 신비감만 더해 가고 있습니다.

생명체의 신비를 좀더 구체적이고도 근원적으로 해명하기 위한 첫걸음은 무엇보다도 염색체의 발견이라고 할 수 있을 것입니다.

염색체에 대해 처음 관심을 갖고 연구한 사람은 독일의 바이스만이었습니다. 바이스만은 19세기 중반에서 20세기 초까지 살았던 사람입니다.

20년 이상을 세포 연구에 정열을 쏟아 온 바이스만의 가슴 속에는 풀리지 않는 하나의 의문이 자리잡고 있었습니다.

'부모 세대에서 자녀 세대로 계승되는 형질에 관여하는 것은 무엇일까?'

바이스만은 자신의 평생을 세포 연구에 바치면서 이런 유전학적인 문제를 풀려고 노력했던 것입니다.

이 일에 너무나 열심히 몰두했기 때문에 그는 말년에 앞을

볼 수 없게 되었습니다. 20여 년 동안 현미경을 들여다본 후유증이었습니다.

바이스만은 평생에 걸친 자신의 연구 결과를 책으로 출판했습니다. 여기에는 유전 현상을 밝히는 데 매우 중요한 내용이 들어 있습니다.

"자손이 어버이를 닮는 것은 매우 당연한 것이다. 몸의 세포는 새로 생기고 죽고 하지만, 오직 한 개만은 예외이다. 이것은 생식 세포이다. 이것이 바로 자식과 어버이를 이어 주는 역할을 한다. 생식 세포인 정자와 난자가 결합하면 새로운 개체가 만들어지면서 어버이의 형질이 자손에게 전달되는 것이다. 생식 세포는 일정한 화학 성분과 분자 구조를 갖고 있는 특별한 물질인데 이것이 바로 유전 인자이다."

바이스만의 연구 결과가 발표되자 전 세계의 학자들이 굉장한 관심을 보였습니다. 곧 이어 이들은 유전 현상의 핵심인 염색체를 연구하기 시작했습니다.

꾸준한 연구 결과 이들은 염색체의 모양이 변한다는 사실을 발견했습니다. 즉 어떤 경우에는 털실처럼 변하기도 하고, 어떤 경우에는 휘어지기도 하며, 또 어떤 경우에는 영어 알파벳의 V자나 W자 모양으로 변하기도 한다는 사실을 발견했습니다.

이와 함께 염색체의 수가 생물의 종마다 일정하다는 사실도 알아냈습니다.

 사고하기

유전자와 염색체를 연구하여 이 둘 사이의 밀접한 관계에 대해서 훌륭한 업적을 남긴 또 한 사람의 유전학자가 있는데, 바로 모건입니다.

모건은 유전학 연구 대상으로 초파리를 선택했는데 그 이유는 다음과 같습니다.

첫째, 많은 수의 초파리를 필요로 하는 연구임에도 불구하고 크기가 작아 실험실 내부에서 초파리를 사육할 수가 있었기 때문입니다.

둘째, 생활사(알→유충→번데기→성충)가 매우 짧아 성충을 부화시키기까지 약 2주 정도라는 길지 않은 시간이면 충분했기 때문입니다.

셋째, 생활사 기간이 매우 짧음에도 불구하고 많은 수의 알을 낳을 수가 있어 충분히 신뢰할 수 있는 통계적 분석을 얻어낼 수가 있었기 때문입니다.

넷째, 유충의 침샘에 거대 염색체가 있어 일반적으로는 염색체가 나타나지 않는 중간기 상태에서도 염색체를 관찰할 수 있었기 때문입니다.

노랑 초파리의 암컷은 4쌍의 상동 염색체를 갖고 있지만 수컷은 이보다 한 쌍이 적은 3쌍의 상동 염색체를 가지고 있습니다. 그리고 암컷은 4쌍의 상동 염색체 중 한 쌍이 모두 X염색체인 데 반해서 수컷은 한 쌍의 염색체에 X, Y 염색체가 함께 섞여 있습니다.

이 X, Y 염색체는 초파리의 성과 관계되기 때문에 이것을 성염색체라 부르고 나머지는 상염색체라고 합니다.

생식 세포가 분열하면 상동 염색체가 분리되는데 이 때 초파리의 난자에는 한 쌍의 상염색체와 하나의 X염색체가 분배되고 정자에는 한 쌍의 상염색체와 X, Y 중 하나의 염색체가 분배됩니다. 이렇게 해서 태어나게 될 자손의 수컷과 암컷의 비율은 같게 됩니다.

모건은 자신이 사육한 노랑 초파리 중에서 비정상적으로 흰색의 눈을 가진 수컷 초파리가 있음을 발견했습니다. 모건이 이 수컷을 정상적인 빨강색 눈의 암컷과 교배시켰더니 자손(F_1)은 모두 빨강색의 눈을 가진 초파리가 태어났습니다.

이것은 초파리의 눈 색 중 빨강색이 흰색보다 우성임을 말해 주는 것이 아니겠습니까?

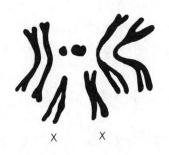

X   X   X   Y

노랑 초파리의 암컷과 수컷의 핵형

　모건은 이 결과에 멘델의 법칙을 적용시켜 F₁ 세대의 자손
끼리 교배시킬 경우 그 다음 자손(F₂) 중 약 4분의 1 가량이
흰색의 눈을 가지고 태어날 것이라고 예상했습니다. 물론 모
건의 예상은 적중했습니다.

　그런데 아주 이상한 결과가 나타났습니다. F₂ 세대 중 흰색
의 눈을 가지고 태어난 초파리는 모두 수컷이었습니다. 다시
말하면 흰색의 눈을 가진 암컷 초파리는 단 한 마리도 없었던
것입니다.

　모건은 이 독특한 유전 현상의 결과를 다음과 같이 해석했
습니다.

　"흰색 눈을 결정짓는 유전자는 X염색체상에 존재한다."

　이런 유전을 반성 유전 또는 X─연관 유전이라고 합니다.

　사람의 경우에는 피가 응고되지 않는 혈우병, 적록 색맹 등
이 반성 유전의 대표적인 예라 할 수 있습니다.

　멘델의 유전 법칙이 발견된 이후 그의 유전 법칙만을 가지
고서는 유전 현상을 전부 다 설명할 수 없다는 사실이 밝혀지
게 되었습니다. 그 중 한 가지가 연관이라는 것입니다. 연관

이란 말 그대로 함께 한다는 의미로 이해하면 됩니다.

한 개의 염색체에는 많은 수의 유전자가 들어 있는데, 배우자를 형성할 경우 유전자들이 염색체의 형태로 자손에게 이어져 나타나는데 이것이 연관입니다.

그러면 예를 통해서 연관에 대해서 좀더 자세히 알아보도록 합시다.

두 계통의 옥수수가 있습니다. 이 중 한 계통(가)의 옥수수는 낟알의 색깔도 노랗고 영양 조직의 상태도 좋아 매우 매끈했습니다. 그렇지만 다른 한 계통(나)의 옥수수는 낟알의 색깔도 무색이면서 영양 조직의 상태 또한 형편없어 쭈글쭈글했습니다.

이 때 이 두 계통의 옥수수를 교배시키면 멘델의 유전 법칙에 따라서 F_1 세대에서는 우성 형질인 낟알의 색깔이 노랗고 영양 조직의 상태도 매우 좋은 옥수수 자손이 태어나게 되겠지요.

그리고 이렇게 태어난 F_1 세대의 종자를 낟알의 색깔이 무색이고 영양 조직의 상태가 형편없는 계통의 옥수수와 교배시키면 멘델의 독립 유전 법칙에 따라서 다음과 같은 네 가지 형태의 종자가 같은 비율로 만들어져야만 할 것입니다.

(1) 낟알의 색깔이 노랗고 영양 조직의 상태도 좋아 매우 매끈한 종자.

(2) 낟알의 색깔이 무색이면서 영양 조직의 상태가 나쁜 쭈글쭈글한 종자.

(3) 낟알의 색깔이 노랗지만 영양 조직의 상태가 나빠 쭈글쭈글한 종자.

122

(4) 낟알의 색깔은 무색이지만 영양 조직의 상태는 좋아 매우 매끈한 종자.

표현형	노랗고 매끈함	무색이고 쭈글쭈글함	노랗고 쭈글쭈글함	무색이고 매끈함
독립 유전일 경우 예상 표현율	25%	25%	25%	25%
실제 표현율	48.2%	48.2%	1.8%	1.8%

옥수수에 있어서 한 염색체에 연관된 두 쌍의 유전 인자간의 유전 형태

그런데 실제로 교배시켜 나온 결과는 전혀 달랐습니다.

이것을 설명하기 위해서 교차라는 또 다른 유전 현상이 밝혀지게 되었습니다.

교차 또한 말 그대로 서로 교환하여 가진다는 의미입니다. 좀더 구체적으로 말하면 연관 관계에 있는 유전자의 일부가 상동 염색체 사이에서 교환되어 새로운 유전자 조합의 염색체를 만들어 내는 현상을 교차라고 합니다.

옥수수 종자의 경우에서도 낟알의 색깔과 낟알 조직을 결정하는 유전자 사이에 교차가 일어났기 때문에 본래의 유전자 조합(위의 1, 2와 같은 조합)이 붕괴되고 새로운 유전자 조합(위의 3, 4와 같은 조합)이 나타나게 된 것입니다.

이런 교차 현상이 발발하는 시기는 제1차 감수 분열의 전기입니다. 이 때 복제된 상동 염색체가 접합하여 이가 염색체를 만들어 내면서 염색 분체가 꼬인 위치에서 잘리게 되어 일부

가 서로 교환되는 것입니다. 이 경우 염색 분체의 교차점을
키아스마라고 합니다.

　교차 현상은 어떤 경우에는 심하게 일어나지만 또 어떤 경
우에는 빈약하게 발생합니다. 그러므로 이것이 발생하는 비율
을 하나의 규칙으로 표현하면 편리할 것입니다. 이것을 교차

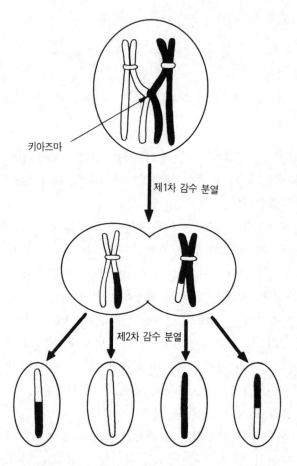

연관된 유전자 사이에서 일어나는 교차 현상

율이라고 하는데 교차율은 다음과 같이 표현합니다.

$$교차율(\%) = \frac{교차가\ 일어난\ 생식\ 세포\ 수}{전체\ 생식\ 세포\ 수} \times 100$$

그런데 교차가 일어난 생식 세포 수를 알아낸다는 것이 그렇게 쉬운 일은 아닙니다. 이런 이유로 실제로는 F_1 세대를 검정 교배시켜 나온 표현형의 분리비로 교차율을 계산합니다.

$$교차율(\%) = \frac{검정\ 교배시\ 교차에\ 의해서\ 만들어진\ 개체의\ 수}{검정\ 교배로\ 얻은\ 총\ 개체의\ 수} \times 100$$

교차율과 유전자 사이에는 매우 밀접한 관계가 있습니다. 연관되어 있는 두 유전자 사이의 거리가 가까울수록 연관의 강도는 세고 교차율은 작아지게 됩니다. 물론 두 유전자 사이의 거리가 멀면 반대의 일이 일어나지요.

그러니 유전자 사이의 교차율을 알면 유전자 배열도 알 수 있을 것입니다. 즉 염색체에 유전자가 어떤 순서로 배열되어 있는지를 알 수 있을 것입니다. 이렇게 해서 만들어진 것을 염색체 지도라고 합니다. 초파리, 옥수수, 박테리아, 쥐, 누에, 토마토, 인간의 X염색체 등의 염색체 지도는 이미 밝혀져 있습니다.

탐구하기

남옥이는 붉은색 눈(P)과 정상 날개(V)를 가진 수컷 초파리와 자주색 눈(p)과 비정상(v) 날개를 가진 암컷 초파리를 교배시켰습니다. 그랬더니 다음과 같은 표현형의 자손이 나왔습니다.

표현형	수컷의 개체수	암컷의 개체수
붉은색 눈과 정상 날개	151	137
자주색 눈과 비정상 날개	140	150

그러면 이 때 붉은색 눈(P)과 정상 날개(V)의 형질이 자주색 눈(p)과 비정상(v) 날개의 형질에 비해서 우성이라면, 남옥이의 실험 결과는 어떤 유전 현상으로 설명이 가능할까요?

ㄱ) 연관

ㄴ) 교차

ㄷ) 중간 유전

ㄹ) 세포질 유전

ㅁ) 반성 유전

답 남옥이의 실험 결과를 보면 붉은색 눈에 정상 날개를 가진 초파리의 수와 자주색 눈에 비정상 날개를 가진 초파리의 수가 거의 1 : 1(151+137=288 : 290=140+150)의 비율로 나타났음을 알 수 있습니다.

또한 붉은색 눈에 비정상 날개, 자주색 눈에 정상 날개의 초파리는 생기지 않았음을 알 수 있습니다.

이것은 무엇을 의미할까요? 붉은색 눈에 정상 날개, 자주색 눈에 비정상 날개의 형질이 하나의 염색체에 함께 자손에게 유전됨을 뜻하는 것이겠죠.

그러니 이 실험 결과가 연관 현상에 근거한 것임을 알 수 있습니다.

만약 붉은색 눈, 정상 날개, 자주색 눈, 비정상 날개의 형질이 서로 꼬여 있어 교차 현상이 일어났다면 적은 수일지라도 붉은색 눈에 비정상 날개, 자주색 눈에 정상 날개의 초파리가 생겼을 것입니다.

정답은 ㄱ)입니다.

문 만약 멘델이 위와 같은 실험을 하여 똑같은 결과를 얻었다면, 자신의 어느 유전 법칙이 완전하지 못하다는 사실을 느꼈을까요?

ㄱ) 각각의 유전 인자는 변하지 않는 단위로써 유전된다.

ㄴ) 유전 인자는 분리된 단위로써 독립적으로 유전된다.

ㄷ) 한 쌍의 유전 인자 중 하나는 아버지로부터, 다른 하나는 어머니로부터 유전된다.

ㄹ) 생물에는 어떤 형질에 대해 그것의 나타남을 조절하는 한 쌍의 유전 인자가 있다.

ㅁ) 한 쌍의 유전 인자에서 두 유전 인자가 다른 경우, 그 중의 한 유전 인자가 다른 유전 인자를 억제시키고 그 유전 인자만이 나타난다.

답 남옥이의 실험 결과는 붉은색 눈에 비정상 날개를 가진 초파리와, 자주색 눈에 정상 날개의 초파리가 생기지 않았음을 알려 주고 있습니다.

만약 붉은색 눈, 비정상 날개, 자주색 눈, 정상 날개의 형질이 모두 독립적으로 작용되어 자손에게 분리되었다면, 붉은색 눈에 비정상 날개, 자주색 눈에 정상 날개의 초파리가 생겼을 것입니다.

그러니 이 실험 결과는 각각의 유전 인자가 독립적으로 자손에게 유전된다는 독립의 법칙에 위배되는 실험 결과이겠죠. 따라서 정답은 ㄴ)입니다.

● **좀더 알아봅시다**

사람의 색맹 유전은 반성 유전의 대표적인 예입니다. 사람의 색맹 유전자는 X염색체에 있는데, 색맹 유전자(X′)가 정상 유전자(X)에 대해서 열성입니다. 그리고 아버지의 X염색체는 반드시 딸에게만 전해지고 아들의 X염색체는 반드시 어머니로부터 받는답니다.

딸과 아들에게 나타나는 유전자형과 표현형을 알아보면 다음과 같습니다.

딸		아들	
유전자형	표현형	유전자형	표현형
XX	정상	XY	정상
XX′	정상	X′Y	색맹
X′X′	색맹		

이 표에서 보면 여자에게는 유전자 모두가 색맹 유전자(X′)일 경우에만 색맹이 나타남을 알 수 있습니다. 여기에서 XX′의 유전자형을 보인자(잠재성을 띤 유전자형. 겉으로는 색맹이 나타나지 않지만 다음 세대의 자손에게는 색맹을 물려줄 수 있는 유전자형)라고 합니다.

미운 달맞이꽃
— 돌연 변이 —

 이야기

멘델이 밝혀 낸 위대한 유전 이론은 오랜 시간 동안 사람들에게 외면당한 채 잊혀졌습니다. 그러나 진리는 시간이 지나면 언젠가는 밝혀지는 법. 멘델의 이론 역시 드 브리스라는 생물학자에 의해 다시 빛을 보게 됩니다.

네덜란드의 유전학자인 드 브리스는 암스테르담 대학의 생물학 교수로 재직하면서 그 곳 식물원의 원장직도 함께 맡고 있었습니다. 따라서 그는 당연히 식물들에 큰 관심이 있었습니다.

특히 드 브리스는 국화과에 속하는 금잔화에 무척 큰 관심을 가졌는데 그는 수천 개나 되는 금잔화를 일일이 세면서 그 모양을 여러 측면에서 분류해 본 뒤 이들 사이에서 일어나는 특이한 현상에 주목하게 되었습니다.

"금잔화를 관찰하다 보니 대부분은 그 모양과 색깔이 부모의 그것과 똑같은 데 반해 어떤 것의 그것들은 아주 이질적이란 말이야. 왜 이런 일이 발생하게 되는 것일까?"

이 때부터 드 브리스의 연구는 불이 붙기 시작했습니다. 드 브리스가 이 연구에 몰두한 데에는 그가 다윈 사상의 열렬한 신봉자였던 이유도 있습니다.

　금잔화에 대한 의문점으로 머리 속이 꽉차 있던 드 브리스는 암스테르담 근처의 들판을 향해 걷고 있었습니다.

　드 브리스의 발길이 멈춘 곳은 오랫동안 사람의 발길이 닿지 않은 채 방치되어 있던 곳이었습니다. 이 곳에서 그를 가장 먼저 반겨 맞아 준 것은 달맞이꽃이었습니다.

　"내가 달맞이꽃 무리에 다가섰을 때 그 큰 줄기 위에 아름답게 피어난 달맞이꽃 주위로 나비와 벌들이 무리를 지어 날아다니고 있었다. 한 폭의 그림 같았던 그 풍경은 나에게 하나의 깊은 인상으로 남아 있다."

　드 브리스는 많은 꽃들 중에서 자신이 달맞이꽃을 연구 재료로 선택한 이유를 이렇게 아름다운 분위기와 상황에 연결시켜 말했습니다.

또 결과론이긴 하지만, 운이 좋게도 그가 돌연 변이 현상을 발견할 수 있었던 것도 달맞이꽃을 연구 재료로 선택했기 때문이었다고 말할 수 있습니다.

그는 후에 이렇게 회고했습니다.

"돌연 변이 현상은 성장이 빠른 식물이 아니면 관찰하기가 매우 어렵다. 이런 점에서 달맞이꽃은 나에게 뜻밖의 좋은 연구 재료가 되었던 것이다."

그는 이 곳에서 숙식을 하면서까지 달맞이꽃의 연구에 몰두했습니다. 그리고 이듬해 그는 독특한 형태의 달맞이꽃 몇 송이를 발견해 내는 데 성공했습니다. 그는 이것을 '에노데라 레비포리아' 라고 불렀습니다.

그 후에도 그는 끈질긴 집념으로 약 6만여 송이에 달하는 달맞이꽃을 연구하면서 달맞이꽃 하나하나를 교배시켜 새롭게 태어나는 자손의 형태를 유심히 관찰했습니다.

이런 억척스러운 연구 덕분에 그는 어버이 세대에서는 전혀 볼 수 없었던 이상야릇한 모양의 달맞이꽃과 중간형의 달맞이꽃이 자손 세대에서 나타나고 있다는 사실을 발견할 수 있게 되었습니다.

이것이 곧 돌연 변이 현상으로, 드 브리스는 이를 입증해 냄으로써 오늘날 또 한 명의 위대한 유전학자로 기억되고 있습니다.

 사고하기

돌연 변이란 유전자의 본체인 DNA나 염색체에 이상이 생겨 나타나게 되는 변이 현상이 자손에게 전달되는 현상을 말

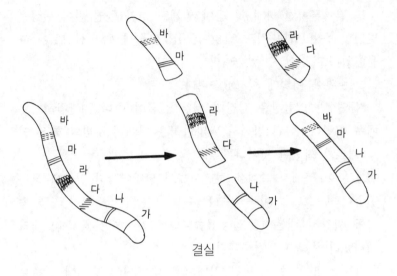

결실

합니다.

유전 물질인 DNA의 분자 구조에 이상이 생겨 나타나게 된 돌연 변이를 유전자 돌연 변이라고 합니다. 겸형 적혈구 빈혈 증, 페닐케톤 요증, 알비노증과 같은 증세가 바로 유전자에 이상이 생겨 발생된 돌연 변이입니다.

염색체에 이상이 생겨 발발하게 되는 돌연 변이 현상에는 염색체의 구조에 이상이 있는 경우와 염색체의 수에 이상이 있는 경우가 있습니다.

염색체의 구조가 변화된 경우는 몇 가지의 특수한 형태로 나타나는데 이것에는 결실, 역위, 전좌 같은 것이 포함됩니다.

결실은 염색체가 끊어진 다음 그 일부를 잃어버리는 경우입니다. 사람의 백혈병 중 한 유형은 백혈구에 있는 22번째 염색체의 일부가 결실됨으로써 일어나게 됩니다.

132

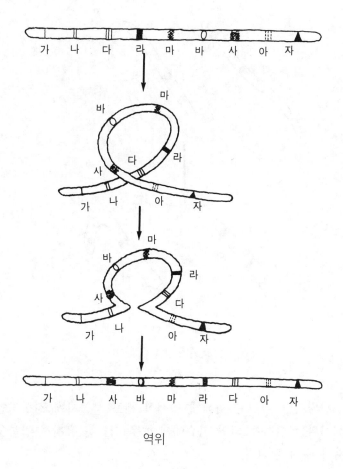

역위

역위와 전좌는 염색체 절단이 그 원인이 되어 일어납니다.

이 염색체의 끊어진 일부 배열이 180° 뒤바뀌어 다시 연결되는 경우가 역위이고, 염색체의 일부가 떨어져 나와 상동 염색체가 아닌 다른 염색체에 부착되는 경우가 전좌입니다.

역위는 결실과는 달리 있어야만 할 유전자는 모두 가지고 있기 때문에 개체는 겉으로 뚜렷한 변화를 보이지는 않습니

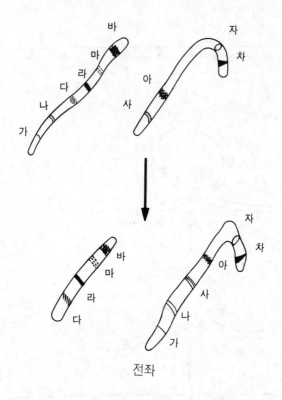

전좌

다. 그렇지만 역위된 염색체가 생식 세포 분열시에 정상적인
염색체와 결합하게 되면 자손에게 매우 심각한 유전적 결함을
가져다 주게 됩니다.

전좌된 염색체를 가진 개체의 경우에는 수정 능력에 관한
장애가 뒤따르게 되는데 심한 경우에는 자손을 갖지 못하는
일도 발생합니다.

사람의 염색체의 수에 이상이 생기는 경우는 대부분 염색체
의 비분리 현상 때문에 일어나게 됩니다.

생식 세포가 분열을 할 때 상동 염색체는 분리되어 세포의

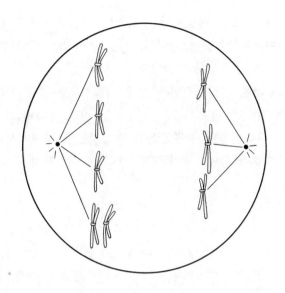

염색체의 비분리 현상

양극으로 이동하게 되는데, 이 때 만약 어느 한 쌍의 상동 염색체가 분리되지 못하면 결과적으로 어떤 세포에는 2개의 상동 염색체가 들어갈 수도 있는 반면에 또 어떤 염색체에는 상동 염색체가 하나도 들어가지 못할 수도 있을 것입니다. 이것이 바로 염색체의 비분리 현상입니다.

이런 이상한 상태에서 만들어진 정자와 난자가 서로 수정하게 되면 그 접합자는 염색체 수가 적거나 많아질 것입니다.

신생아의 정신적 발육을 저해하는 다운 증후군이라는 병은 정상인보다 염색체의 수가 하나 더 많아서 발생합니다. 즉 정상인은 46개의 염색체를 가지는 데 반해 다운 증후군 환자는 47개의 염색체를 가집니다. 그 이유는 21번째 염색체가 2개가 아니고 3개이기 때문입니다.

그리고 매우 드문 현상이기는 하지만 성염색체에도 염색체 수의 이상이 나타날 수 있습니다. 이것의 예로는 터너 증후군과 클라인펠터 증후군이 있습니다.

터너 증후군은 비정상적인 여성에서 발견되는 증후군으로서 XX이어야 할 성염색체가 X 하나라는 특징을 나타냅니다. 이에 비해서 클라인펠터 증후군은 비정상적인 남성에게서 보이는 증후군으로서 성염색체가 XXY, XXXY인 특징을 나타냅니다.

또 염색체 수의 이상에는 다배수체라고 하는 것이 있습니다.

다배수체란 염색체의 수가 2배체(2n)에서 3배체(3n), 4배체(4n)로 변화되어 염색체를 여러 쌍 가지게 된 세포입니다.

이런 다배수체는 자연적으로 서식하는 식물 집단에서 주로 발견되는데, 그 원인은 생식 세포가 분열을 할 때 알세포의 염색체량을 감소시켜 줄 수 있는 과정이 없다는 데 있습니다.

가령 2배체인 알세포가 정상적인 배우자(n)와 수정하게 되면 그로부터 탄생될 자손은 3배체가 되지 않겠습니까? 그리고 3배체인 알세포의 염색체 수가 감소되지 않고 또다시 정상적인 배우자와 결합하게 되면 4배체의 자손이 만들어지겠죠?

이렇게 해서 다배수성 염색체 이상이 나타나는데, 이 것은 식물을 더욱 크게 성장시키거나 생장력을 왕성하게 해야 할 필요가 있을 때 유용하게 이용됩니다.

돌연 변이 현상에 대한 자세하고도 명확한 해답은 아직까지 알려져 있지 않습니다. 그렇지만 돌연 변이 현상을 유발시킬 수 있는 요인에 대해서는 비교적 많이 알려져 있습니다.

이것의 대표적인 예로는 방사선과 화학 물질을 들 수 있습니다.

20세기에 들어와서 초파리에 X선을 쪼이면 돌연 변이율이 15배나 증가한다는 사실이 알려지게 되었습니다. 이로부터 계속 진행된 연구의 덕분으로 유전학자들은 X선과 같은 방사선이 돌연 변이를 일으키는 주요 원인이며, 자외선도 그것이 염색체를 통과할 때에는 돌연 변이를 유발시킨다는 사실을 알게 되었습니다.

자외선은 유전의 핵심 인자인 DNA 가닥을 자르기도 하고 이 가닥과 저 가닥의 염기 순서를 불규칙하게 만들기도 합니다. 물론 X선도 DNA 가닥에 피해를 입히는 일에 한 몫을 합니다.

돌연 변이는 오늘날 인간들에게는 매우 심각한 사회 문제로 되고 있습니다. 왜냐하면 각종 환경 오염, 핵 물질 누출 등으로 인간의 유전 인자가 손상을 입으면 기형아나 저능아, 혹은 건강에 심각한 피해를 주기 때문입니다. 그렇지만 한편에서는 인간에게 유익한 방향으로 돌연 변이를 연구하고 있기도 합니다.

돌연 변이는 화학 물질에 의해서도 일어나는데, 맨 처음으로 밝혀진 돌연 변이 화학 물질은 제1차 세계 대전 때 사용한 겨자 가스였습니다.

돌연 변이 화학 물질은 DNA 가닥에 틈을 만들어 유전 정보를 혼란스럽게 만들어 버리죠. 유전 정보가 뒤죽박죽되었으니 제대로 된 생명체가 나오지 않을 것은 불을 보듯 뻔한 일 아니겠어요?

탐구하기

문 염색체에 의한 돌연 변이 중에는 염색체의 수에 이상이 있어서 생기는 다운 증후군이라는 것이 있습니다.

그러면 다음 중에서 다운 증후군에 걸린 사람이 갖는 염색체의 배열은 어느 것일까요?

ㄱ) $(n-1) + (n-1) \rightarrow 2n-2$

ㄴ) $(n-1) + (n) \rightarrow 2n-1$

ㄷ) $(n) + (n) \rightarrow 2n$

ㄹ) $(n+1) + (n) \rightarrow 2n+1$

ㅁ) $(n+1) + (n+1) \rightarrow 2n+2$

답 다운 증후군에 걸린 사람의 염색체 수는 정상인의 것에 비해 한 개가 더 많습니다. 좀더 구체적으로 말하면 21번째 염색체가 3개로 되어 정상인의 염색체 수($2n=46$)보다 한 개 더 많은 $2n+1=47$개를 갖습니다.

염색체 수가 $2n+1$개가 되는 원인은, 절반($2n \rightarrow n$)으로 줄어들어야 할 세포 분열 과정에서 어떤 이유에선지 한 쌍의 상동 염색체가 모두 한쪽으로 이동하여 그 결과 생식 세포는 $n+1$이 되고, 여기에 n을 가진 생식 세포가 수정되기 때문입니다.

따라서 정답은 ㄹ)입니다.

문 다음에 열거한 것들 중에서 돌연 변이의 원인이 될 수 없는 것은 어느 것일까요?

ㄱ) DNA 분자 구조에 이상이 생겼다.

ㄴ) 환경이 변화했다.

ㄷ) 염색체의 일부가 없어졌다.

ㄹ) 염색체의 수가 2n에서 3n으로 변화했다.

ㅁ) 염색체의 순서가 뒤바뀌었다.

답 돌연 변이는 유전자의 본체인 DNA나 염색체의 수 혹은 구조에 이상이 생겼을 경우에 발생하게 됩니다.

환경이 변하는 것과 돌연 변이와는 아무런 상관이 없습니다. 환경의 차이에 의해서 나타나는 변이를 개체 변이라고 하지요. 좀더 구체적으로 말해 같은 부모 사이에서 태어난 자식의 유전자는 같지만 환경의 차이 때문에 형질에 약간의 차이가 나타나게 되는데 이것을 개체 변이라고 합니다. 개체 변이에 의해서 나타난 차이는 다음 자손에게 유전되지는 않습니다.

정답은 ㄴ)입니다.

● **좀더 알아봅시다**

생물의 특징은 유전자를 통해서 자손에게 전해지는데, 이 때 결정적인 역할을 하는 것이 DNA라는 사실을 생물학자들은 알아냈습니다. 즉 생물학자들은 유전자의 본체가 DNA라는 사실을 알아낸 것입니다.

이렇게 되자 DNA를 인위적으로 조작하면 생물의 특성도 마음대로 바꿀 수 있을 것이라고 생각하는 생물학자들이 나타나게 되었습니다. 이것이 바로 오늘날의 분자 생물학이나 유전 공학의 시발점이 된 것이지요.

이런 생각에 근거해 성장하기 시작한 유전 공학은 날이 갈수록 발전을 거듭하였습니다. 그리하여 급기야는 신의 영역에 속하는 것으로 간주되어 오던 유전자를 인간 스스로 변화시킬 수 있는 단계에까지 이르게 되었습니다.

인간의 인슐린 유전자를 대장균에 의해서 합성시킨다든가, 인터페론이나 생장 호르몬을 유전 공학적인 여러 가지 방법으로 생산한다든가 하는 방법은 이제는 매우 보편화된 것입니다.

그리고 요즘에는 공상 소설이나 공상 영화 속에서 자주 거론되어 왔던 복제 인간의 합성에도 성공했다는 소식이 들려오고 있기도 합니다. 이렇게 되자 곳곳에서는 인간 윤리의 문제가 매우 중요한 과제로 떠오르기 시작했습니다.

셋째마당

생물의 진화

갈라파고스 섬의 거북
— 진화 —

 이야기

1831년 12월의 어느 날 찰스 다윈을 태운 비글호는 영국의 항구를 떠났습니다. 비글호는 남아메리카와 태평양의 여러 지역을 탐험하기 위해서 젊은 생물학자인 다윈과 함께 항해를 시작했던 것입니다.

원래 비글호의 탐험 여행은 2년 정도를 예상했으나 실제로는 5년이 넘는 긴 항해를 계속했습니다. 항해가 예상을 훨씬 초월하게 되자 다윈을 비롯한 많은 사람들이 말할 수 없을 정도의 정신적·육체적 고통을 겪게 되었습니다.

그러나 이 여행은 다윈으로 하여금 생물학 분야에서 위대한 업적을 남길 수 있게 한 정보와 자료를 제공해 주었습니다.

다윈은 미지의 세계를 여행하면서 매우 신비로운 자연 현상, 기묘하게 생긴 동·식물, 여러 종류의 화석이나 암석 및 지층, 독특한 토양, 동·식물의 생활 습관 등에 관해 자세히 조사·관찰하여 기록했습니다.

이 여행에서 다윈이 가장 인상 깊게 느낀 곳은 갈라파고스 군도입니다. 남아메리카의 에콰도르 서쪽의 적도 근방에 흩어져 있는 섬이 갈라파고스입니다.

비글호가 갈라파고스 근처에 다다르자 다윈은 작은 배에 몸

을 싣고 갈라파고스 군도 중 한 곳을 향해 노를 저었습니다.
다윈이 그 곳에 도착하자 큰 거북이 엉금엉금 기어 다니고 있
었습니다. 그 이전에는 이토록 커다란 거북을 본 적이 없었던
다윈은 넋이 나간 사람처럼 한참 동안 거북을 멍하니 바라보
았습니다.

거북을 조사하는 과정에서 그는 중요한 사실을 발견했습니
다. 10여 개 정도 되는 갈라파고스 군도의 섬에는 모두 큰 거
북이 살고 있었는데, 이들의 모양이 전부 달랐던 것입니다.

다윈은 갈라파고스 군도의 여러 섬에서 거북말고도 형태가
약간씩 다른 동물들을 또 발견했습니다. 다윈은 이 사실에 매

144

우 흥미를 느꼈습니다.

'갈라파고스 군도 근처의 섬들은 서로 그다지 멀리 떨어져 있지 않은데 왜 동물의 형태에 차이가 나는 것일까?'

그 당시에는 누구나 생명체는 신에 의해서 창조되는 것이기 때문에 한번 만들어지면 절대로 변하지 않는다고 생각하고 있었습니다. 그것은 불변의 진리로 간주되었습니다.

그런데 갈라파고스 섬에서의 관찰은 이 진리에 의문을 품지 않을 수 없게 만들었습니다.

'신이 손수 만든 생명체가 영원히 변하지 않는다는 것이 진실이라면 이웃해 있는 갈라파고스 섬들에 살고 있는 거북의 형태가 서로 다르다는 사실을 어떻게 설명할 수 있는가?'

연구와 생각을 거듭한 다윈은 다음과 같은 결론을 얻어냈습니다.

'갈라파고스 군도와 같이 어떤 원인에 의해 이쪽에 있던 동물이 저쪽으로 이동하여 성장하게 되면, 새로운 지역의 환경에 적응하기 위해서 오랜 기간에 걸쳐 차츰차츰 변화해 간다.'

 사고하기

오랜 세월이 지나는 동안 생물의 몸의 형태나 구조가 조금씩 변해 가는데 이것을 진화라고 합니다.

생물이 진화하는 방향에는 순서가 있습니다. 간단한 생물에서 복잡한 생물로, 하등 생물에서 고등 생물로 변한답니다. 그 결과 생물의 종류는 많아지며 몸의 구조는 복잡하고 다양하게 변화됩니다.

그런데 생물이 진화해 왔다면 그것을 밝힐 수 있는 증거가 있어야만 할 것입니다.

● 고생물학적 증거

고생물학이란 화석을 연구하는 학문입니다. 화석이란 과거에 살았던 생물의 유해나 흔적이 퇴적암으로 이루어진 지층속에 보존된 것을 말합니다.

위에 있는 지층이 아래에 있는 지층보다 늦게 형성된 것임은 말할 필요도 없습니다. 따라서 지층이 다르면 그 속에서 발견되는 화석의 형태가 다를 것입니다. 예를 들어 새로운 지층에서 발견되는 화석일수록 더 복잡한 형태를 띨 것이며 현재의 생물체에 근접한 모양을 취하고 있을 것입니다.

화석 중에는 특정한 지층에서만 발견되는 것이 있습니다. 이것을 표준 화석이라고 합니다. 따라서 어느 지층에서 표준 화석이 발견되었다면 그 지층이 언제 생성되었는지를 쉽게 알 수 있을 것입니다.

고생대, 중생대, 신생대의 표준 화석은 다음과 같습니다.

고생대: 삼엽충, 필석, 봉인목, 인목, 노목, 갑주어

중생대: 암모나이트, 시조새, 공룡

신생대: 매머드, 에오히푸스, 화폐석

그리고 화석 중에는 화석이 만들어질 당시의 환경을 알려주는 화석이 있는데 이런 화석을 시상 화석이라고 합니다.

고생물학적인 진화의 증거로 말과 시조새의 화석을 알아보도록 하죠.

말의 최초의 화석은 에오히푸스입니다. 이 화석은 북아메리카의 신생대 3기 층에서 발견되었습니다. 화석으로 나타난 에오히푸스의 특징은 다음과 같습니다. 몸의 크기는 여우 정도

로 작고, 앞다리의 발가락은 네 개, 뒷다리의 발가락은 세 개, 어금니에는 주름이 많지 않습니다.

　에오히푸스의 이런 특징에 비해 현대의 말은 몸이 여우보다 상당히 크고 발가락은 한 개이며 어금니에는 주름이 많습니다. 이러한 특징을 비교하면 말이 어떻게 진화해 왔는가를 짐작할 수 있을 것입니다.

　실제로 퇴적층의 아래쪽 지층에서는 몸의 크기가 작고 발가락의 수가 많으며 어금니에 주름이 적은 말의 화석이 발견되지만, 위쪽 지층에서는 몸의 크기가 크고 발가락의 수가 적으며 어금니에 주름이 많은 말의 화석이 발견됩니다.

　시조새의 화석은 독일의 중생대 쥐라기 지층에서 발견됩니다. 시조새의 화석은 현재까지 네 차례 발견되었는데, 이 화석들을 통해 시조새는 몸의 크기는 비둘기 정도이며 형태는 파충류와 조류의 중간 정도라는 것을 알아냈습니다.

　시조새가 파충류와 조류의 중간 형태의 구조를 가지고 있다는 사실은 진화 연구에 굉장히 큰 의미를 갖습니다. 왜냐하면

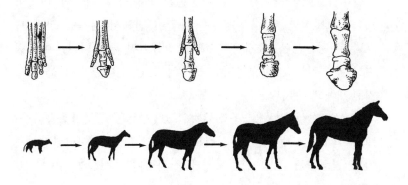

말 발굽과 말의 진화 과정

이 사실로부터 조류는 파충류로부터 진화했을 것이라고 추측할 수 있기 때문입니다. 사실 진화 학자들은 조류가 파충류로부터 진화했을 것으로 믿고 있습니다.

● 비교 생물학적 증거

생물체의 구조를 비교해 보면 그 구조가 어떻게 변해 왔으며 그들 사이에 어떠한 연관성이 있는지를 알 수 있습니다.

예를 들면 선인장의 가시와 완두의 덩굴손은 잎이 변한 것이고, 탱자나무의 가시와 포도의 덩굴손은 줄기가 변한 것입니다. 이 각각의 겉모양과 기능은 다르지만 해부학적으로나 발생학적으로는 근본 구조가 같습니다. 이런 기관을 상동 기관이라고 합니다.

그러면 상동 기관을 통해 우리는 무엇을 알 수 있겠습니까? 환경 변화에 적응하기 위해 오랜 기간에 걸쳐 서서히 변화되어 왔지만 옛날에는 같은 조상으로부터 출발했음을 알 수 있습니다.

완두의 덩굴손과 호박의 덩굴손은 겉모양과 기능이 비슷합니다. 그렇지만 완두의 덩굴손은 잎이 변해서 생겨난 것이고, 호박의 덩굴손은 줄기가 변해서 만들어진 것입니다. 이처럼 겉모양과 기능은 비슷하지만 발생의 근원이 다른 기관을 상사 기관이라고 합니다.

그러면 상사 기관을 통해 알 수 있는 것은 무엇이겠습니까? 비록 발생의 근원이 다를지라도 같은 환경 조건에서 성장하게 되면 겉모양과 기능이 비슷하게 진화한다는 사실을 알 수 있습니다.

비교 해부학적인 증거의 또 한 예로는 흔적 기관을 들 수 있습니다. 현재는 아무런 기능이나 작용을 하지 못하지만 흔적은 남아 있는 기관이 있는데, 이것을 흔적 기관이라고 합니다. 사람의 사랑니, 동의근, 맹장 꼬리(충수), 꽁무니뼈, 고래의 뒷다리뼈, 두더지의 눈, 타조의 날개 등이 흔적 기관의 예입니다.

흔적 기관을 통해 우리는 예전에는 유용하게 사용하던 기관들이었던 것이 진화해 가는 과정에서 그 필요성이 점차 줄어들게 되어 오늘날은 퇴화된 모습으로 남아 있게 되었음을 알 수 있습니다.

발생학적 증거

여러 종류의 동물이 발생(수정란에서 개체가 탄생하는 것)하는 과정을 비교해 보면 동물이 어떻게 진화해 왔는가를 예측할 수가 있습니다. 이것을 발생학적인 진화의 증거라고 합니다.

척추 동물인 물고기, 도롱뇽, 거북, 닭, 사람 등의 발생 과정을 비교해 보면 발생 초기의 모습은 매우 비슷하지만 발생이 진행되어 감에 따라서 그 모습이 변화함을 알 수 있습니다. 이것을 계통 발생이라고 합니다. 계통 발생으로부터는 여러 종류의 척추 동물이 하나의 조상으로부터 진화해 왔음을 알 수 있습니다.

지리학적 분포의 증거

지구상의 생물 분포를 보면 어느 지방에만 살고 있는 특수한 생물이 있습니다. 예를 들면 오스트레일리아의 캥거루나 오리너구리 같은 것들이 대표적인 것입니다.

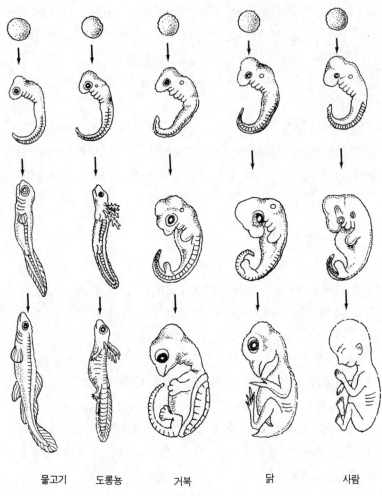

| 물고기 | 도롱뇽 | 거북 | 닭 | 사람 |

발생학적 근거

　이처럼 생물의 지리학적 분포가 특색을 나타내는 이유는, 예전에는 한 곳에 살던 생물이 지리적인 격리에 의해 떨어졌기 때문입니다. 즉 육지가 분리되어 섬으로 되거나, 대륙이 둘로 나누어져 같은 종의 생물이 지리적으로 격리되어 오랜 세월을 살면 그 곳의 독특한 환경에 적응하기 위해 다른 모습으로 진화하는데 이 때문에 지리학적 분포의 특색이 나타나는 것입니다.

 탐구하기

문 다음은 진화의 증거에 대해서 표현하고 있습니다. 이 중 올바르게 설명하지 못하고 있는 것은 어느 것일까요?

ㄱ) 척추 동물의 발생 초기 배 상태에는 아가미 구멍과 꼬리가 있는데 이것은 발생학적인 진화의 증거이다.

ㄴ) 바늘두더지, 캥거루, 오리너구리 등은 오스트레일리아에만 살고 있는데 이것은 진화의 지리학적인 분포의 증거이다.

ㄷ) 인간의 팔, 박쥐의 날개, 개의 앞다리 등은 그 기본 구조가 같은데, 이것은 화석에 의한 진화의 증거이다.

ㄹ) 오래 된 지층, 즉 아래쪽에 있는 지층에서 발견된 화석일수록 동물의 몸이 간단한 구조를 보이고 있는데, 이것은 고생물학적인 진화의 증거이다.

ㅁ) 영국의 중생대나 석탄기 지층에서 발견된 소철고사리의 겉모습은 양치 식물과 비슷하지만 잎의 뒤에는 종자가 달려 있는데, 이것은 진화의 분류학상의 증거이다.

답 척추 동물은 발생 초기 배 상태에서 아가미 구멍과 꼬리를 가지는 공통점을 갖고 있습니다. 이것은 진화상의 발생학적인 증거입니다.

바늘두더지, 캥거루, 오리너구리는 오스트레일리아에만 살고 있습니다. 이것은 진화상의 지리학적인 증거입니다.

오래 된 지층에서 발견된 화석일수록 몸의 구조가 간단하고 현재의 생물과 비슷한 점이 많지 않습니다. 이것은 진화상의 고생물학적인 증거입니다.

소철고사리는 영국의 중생대나 석탄기 지층에서 발견되었는데 겉모습은 양치 식물과 비슷하지만 잎의 뒤에는 종자가 달려 있습니다. 즉 소철고사리는 양치 식물과 종자 식물의 중간 모양을 하고 있습니다. 그러니 이것으로부터 종자 식물은 양치 식물에서 진화했을 것이라고 추정할 수 있을 것입니다. 따라서 소철고사리는 진화의 분류학상의 증거입니다.

인간의 팔, 박쥐의 날개, 개의 앞다리 등은 그 기본 구조가 같은 상동 기관입니다. 그러니 이것은 화석에 의한 진화의 증거가 아니라 비교 해부학적인 진화의 증거가 됩니다.

따라서 정답은 ㄷ)입니다.

문 다음 그림은 옛날 지질 시대에 번성했던 한 생물의 진화 과정을 개략적으로 나타낸 것입니다.

이것으로부터 이 생물 진화 과정을 추정해 본다면 다음 중 어느 것이 옳을까요?

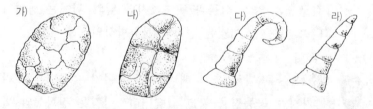

가)　나)　다)　라)

ㄱ) 가→나→다→라의 순서로 진화했다.

ㄴ) 라→다→나→가의 순서로 진화했다.

ㄷ) 가→다→나→라의 순서로 진화했다.

ㄹ) 나→가→라→다의 순서로 진화했다.

ㅁ) 다→나→가→라의 순서로 진화했다.

답 생물은 간단한 구조에서 복잡한 구조로 진화합니다. 이 네 개의 그림에서 분명히 드러나는 것처럼, 이 중에서 가장 간단한 모양은 '라'입니다. 그리고 구조의 복잡한 순서는 다→나→가입니다. 그러니 이 생물이 라→다→나→가 의 순서로 진화해 왔을 것임을 충분히 추측할 수 있을 것입니다. 정답은 ㄴ)입니다.

● 좀더 알아봅시다

식물은 처음에는 물 속에서만 살았습니다. 그러나 오랜 세월이 흐르자 육지에서도 생활하는 식물이 생기게 되었습니다. 이 사실로 미루어 보아 식물은 광합성 색소를 가지고 수중에서 생활하는 조류(파래, 청각, 해캄, 클로렐라, 미역, 다시마, 모자반, 김, 우뭇가사리)에서 진화를 했다고 생각되고 있습니다.

그 뒤의 식물은 선태 식물(우산이끼, 솔이끼), 양치 식물(고사리, 쇠뜨기)을 거쳐 종자 식물로 진화하였습니다. 그리고 종자 식물은 다시 겉씨 식물(소나무), 속씨 식물(보리, 벼, 옥수수, 복숭아나무, 민들레, 콩)로 진화해 왔지요. 즉 식물의 진화 과정은 다음과 같습니다.

조류→선태 식물→양치 식물→종자 식물(겉씨 식물→속씨 식물)

지구상에 처음으로 나타난 동물은 몸이 단 한 개의 세포로 이루어진 것이었습니다. 그 후 다세포를 가진 동물이 나타났으나 여전히 몸의 구조가 간단한 것이었고, 물 속에서만 생활했습니다.

그 후 동물은 강장 동물(해파리, 히드라, 말미잘), 편형 동물(플라나리아, 촌충, 디스토마), 환형 동물(지렁이, 거머리, 갯지렁이), 연체 동물(오징어, 문어, 대합, 다슬기), 절지 동물(메뚜기, 거미, 지네, 가재), 극피 동물(불가사리, 해삼), 척추를 가진 고등한 척추 동물의 순으로 진화를 했습니다. 그리고 척추 동물은 다시 어류(붕어, 가물치, 가다랭이), 양서류(개구리, 두꺼비), 파충류(도마뱀, 거북, 뱀), 조류(매, 독수리, 꿩, 두루미), 포유류(코끼리, 사자, 호랑이, 곰, 인간)로 진화해 왔지요. 즉 동물의 진화 과정은 다음과 같습니다.

원생 동물→강장 동물→편형 동물→환형 동물→연체 동물→절지 동물→극피 동물→척추 동물(어류→양서류→파충류→조류→포유류)

과학적인 생물학의 시작
― 생물의 분류 ―

 이야기

근대 이전까지 서양의 생물학은 고대 그리스의 아리스토텔레스 생물학 이론에 토대를 두고 있었습니다.

그렇지만 근대로 접어들면서 이러한 분위기는 차츰 바뀌기 시작했습니다. 점차 동물학과 식물학을 총칭하는 생물학이 어느 정도의 독자적인 성격을 띠면서 자연 과학의 한 분야로 성장하기 시작했습니다.

생물학의 발전에 큰 역할을 한 것은 나침반의 발견입니다.

나침반의 발견으로 항해술이 발전함에 따라 학자들은 미지의 세계를 여행하면서 그 곳에만 서식하는 신기한 식물과 동물을 채취할 수 있게 되었습니다.

이렇게 되자 수많은 동물과 식물 종(17세기까지 알려진 동물과 식물의 수는 약 6천여 종에 불과했으나 18세기까지의 약 100년 동안에 두 배 이상의 새로운 종이 밝혀지게 되었습니다)을 체계적으로 분류할 필요성을 느끼게 되었는데, 생물의 분류법은 18세기의 위대한 식물학자였던 린네에 의해서 크게 발전했습니다.

린네 이전에는 식물의 이름을 정하는 데에 통일된 규칙이 없었기 때문에 제각기 편한 대로 불렀습니다. 그럼에도 불구

하고 이 당시까지 이러한 방식이 어느 정도까지는 통용될 수
있었는데, 그 이유는 그 때까지 밝혀진 식물의 종 수가 그다
지 많지 않았기 때문입니다.

그러나 신대륙의 발견 등으로 인해서 수많은 새로운 식물이
알려지게 되자 이전까지의 마구잡이식 식물 명명법은 더 이상
통할 수 없게 되었습니다.

린네는 이전의 선배들이 나름대로 연구해 놓은 생물의 종에
관한 논문과 자료들을 열심히 읽었습니다. 이 과정에서 린네
는 이미 2백여 년 전에 벌써 분류학이 어느 정도의 체계성을
가지고 있었다는 사실에 놀랐습니다. 그렇지만 또 한편으로는

156

이것이 통일되지 못한 채 마구 뒤섞여 있다는 사실에 크게 실망했습니다.

이에 자극받은 린네는 식물들 사이의 유사성에 초점을 맞춰 분류해야겠다고 마음먹었습니다.

이러한 입장에서 연구를 시작한 그는 국제적으로 통용될 수 있는 식물의 명명법을 만들어 냈습니다. 이것은 속명과 종명이라는 두 개의 이름을 사용한 이명법입니다.

이러한 그의 연구 성과들은 1753년에 출판된 식물 분류에 관한 책과 1759년에 출판된 동물 분류에 관한 그의 저서 속에 잘 나타나 있습니다.

 사고하기

지구상에는 수많은 종류의 생물들이 여러 형태로 존재하고

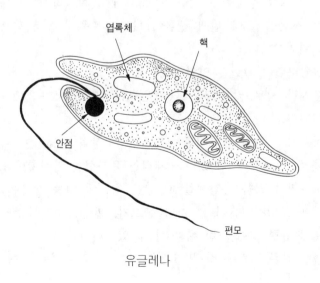

유글레나

있는데, 현재까지 알려진 생물의 종 수는 약 120여만 종에 달하고 있습니다.

생물의 종 수가 이렇게 많고 또한 하루가 다르게 늘어나고 있으니 여기에 일정한 분류 체계를 세우지 않고서 생물학을 연구한다는 것은 불가능한 일입니다. 생물의 종이 체계적으로 분류됐을 때 비로소 과학적 의미에서의 생물학이 가능해집니다.

초기에는 이동할 수 없는 모든 녹색 생물을 식물계로 분류하고, 그 외의 이동 능력이 있는 생물은 동물계로 분류했습니다.

그러나 17세기에 들어와 현미경의 덕택으로 미생물이 발견되자 이런 분류 방식에도 한계가 드러나기 시작했습니다. 식물이나 동물의 특징을 띠지 않는 세균과 같은 미생물이 발견된 것입니다.

이 문제는 동물이나 식물 어느 쪽에도 확실하게 소속될 수 없는 생물을 모아 원생 생물이라는 새로운 분류를 함으로써 해결되었습니다.

그렇다면 분류란 무엇일까요?

분류란 서로 닮은 것들을 같은 범주 안에 모아 넣는 것을 말합니다.

여기서 말하는 닮음이란 막연하고 추상적인 닮음이 아니라 분류의 기준이 될 수 있는 구체적인 유사성을 의미합니다.

분류학이 처음 등장했을 때 같은 장소에 사는 생물은 같은 범주에 포함시켰습니다. 가령 물고기, 펭귄, 고래를 한 묶음으로 분류한 것이 그런 예라 할 수 있습니다.

이런 분류 방식은 상사 기관을 가진 생물은 모두 함께 분류

시켜야만 한다는 생각에 기초를 둔 분류 방법입니다. 상사 기관이란 기능이 같은 기관을 말합니다.

고래의 물갈퀴, 펭귄의 물갈퀴, 물고기의 지느러미들은 모두 수영하는 데 이용되므로 상사 기관이고, 곤충의 날개, 새의 날개, 박쥐의 날개들은 모두 비행하는 데 사용되니 상사 기관이라 할 수 있습니다.

생물의 기관에는 상동 기관이라는 것도 있습니다. 여러 가지 포유류를 해부학적으로 비교해 보면 신체의 여러 기관들이 기본적으로 같은 형태를 취하고 있음을 알 수가 있습니다. 예를 들면 인간, 고래, 박쥐의 앞다리 뼈는 매우 비슷한 형태를 띠고 있습니다.

그럼에도 불구하고 이들 생물의 앞다리 뼈가 수행하는 기능은 같지 않습니다. 인간의 앞다리는 들어 올리는 일을 하지만, 고래의 그것은 헤엄치는 데 이용되고, 박쥐의 그것은 나는 데 사용됩니다. 이처럼 기본 구조와 발생 과정은 같지만 용도가 다른 기관을 상동 기관이라고 합니다.

생물학의 지식이 점차 발전함에 따라 생물학자들은, 서식처가 같다거나 상사 기관을 갖고 있다는 등의 피상적인 사실만으로 생물을 분류하는 것은 아무런 의미가 없다는 사실을 깨닫게 되었습니다.

처음으로 이런 사실을 깨달은 사람이 바로 린네라고 할 수 있습니다. 린네는 분류학의 아버지라고 추앙받는 생물학자인데 그의 분류법은 생물의 상동 기관, 즉 생물의 상동성에 근거를 두고 있습니다.

상동 기관을 함께 갖고 있는 모든 생물들은 조상이 같다는 사실을 염두에 둔다면 단순히 기능상의 유사점만으로 생물을 분류하는 것보다 이 분류법이 훨씬 발전된 것임을 알 수 있을 것입니다.

　현대 분류학의 핵심은 이처럼 서로 유연 관계(생물체가 형질상으로 유사한 관계가 있는 상태)를 유지하는 생물을 한 묶음으로 분류하는 것입니다. 하지만 여기에서 반드시 고려되어야 할 사항은 생물들의 유사한 정도를 조사하여 이들이 진화와 어떤 관계를 가지는지 살피는 것입니다.

　오늘날의 생물 분류법은 다음과 같은 계통에 따릅니다.

종, 속, 과, 목, 강, 문, 계.

계	동물계
문	척색 동물문
아문	척추 동물
강	포유강
목	영장목
과	사람과
속	사람속
종	호모 사피엔스(Homo sapiens)

사람의 분류 계통

　즉 생물의 가장 작은 분류 집단을 종, 여러 가지 종들을 함께 묶은 무리를 속, 서로 긴밀한 관계에 있는 속을 과, 서로 긴밀한 관계에 있는 과를 목이라 부르고, 목은 강, 강은 다시 문을 이루며, 서로 가까운 문들은 하나의 계를 형성하게 되는 것이죠.

　그리고 생물 분류학자들은 이런 분류 체계의 사이사이에 필요에 따라서 문을 아문으로 나눈다든지, 혹은 상강이나 아강,

그리고 아과를 두기도 합니다.

하나의 분류 체계가 종들 사이의 근연 관계를 명확하게 나타내었다면 이를 바탕으로 진화의 역사를 한눈에 보여 줄 수 있는 계통수를 짤 수 있습니다.

이 계통수는 나뭇가지 모양인데, 나뭇가지 하나하나의 끝에는 각각의 종들이 분포하게 되고, 가지가 뻗어 나오기 전의 처음 가지에는 이들의 최고 조상이 놓이게 됩니다.

계통수의 나뭇가지가 갈라져 나온 것으로부터 하나의 공통 조상에서 생물이 분화되었음을 알 수 있는데, 이것을 종분화라고 합니다.

생물의 진화 과정에는 두 개의 무리 사이에 전혀 공통점을 찾아볼 수 없는데도 계통이 매우 가깝게 닮은 것이 있습니다. 이것을 수렴 진화라고 합니다.

생물학뿐 아니라 모든 과학은 인류 공동의 것입니다. 그리고 또 당연히 그래야만 합니다. 따라서 모든 나라들에 공통의 기준, 공통의 약속이 있어야 합니다.

하나의 동물을 놓고도 한국에서는 개, 미국에서는 dog, 프랑스에서는 chien, 독일에서는 hund 등으로 서로 다르게 부릅니다. 그렇지만 생물 연구의 대상으로 개를 놓고 볼 때는 하나로 통일된 이름이 필요합니다.

이런 필요에 의해 생물에게 공동의 이름을 붙여 주는 학명 체계가 만들어진 것입니다.

학명은 생물의 종마다 고유한 이름을 붙인 것인데 이 이름은 두 부분으로 구성되어 있습니다. 첫째 부분은 생물이 속해 있는 속의 이름이고, 둘째 부분은 생물의 종의 이름입니다.

이것은 라틴어로 표기되는데 속명은 명사 형태로, 종명은 형용사 형태로 나타냅니다. 그리고 이 두 개의 이름은 모두 이탤릭체로서 속명의 첫자는 대문자로 시작하고 종명의 첫자는 소문자로 표기합니다.

생물의 분류 체계를 만들어 내는 일은 어찌 보면 마구잡이식이라고 볼 수도 있습니다. 왜냐하면 생물의 분류 체계를 세우는 일에는 생물학자의 주관적인 성향이 강하게 작용할 수 있기 때문입니다.

그렇지만 분류학자의 주관적인 관점의 울타리를 반드시 뛰어넘어야만 하는 것이 있습니다. 바로 종을 분류하는 경우가 그것입니다. 하나의 종을 이루고 있는 구성원들끼리는 서로 생식이 가능해야만 하고 그로부터 탄생된 2세도 생식이 가능해야만 합니다.

말과 당나귀를 교배시켜 노새라는 새로운 잡종을 탄생시킬 수는 있지만 노새는 새끼를 낳을 수 없습니다. 따라서 말과 당나귀는 다른 종으로 분류되는 것입니다.

 탐구하기

 벼와 복숭아나무의 학명은 다음과 같습니다.
벼: *Oryza sativa Linné*
복숭아나무: *Prunus persica Batsch*
그러면 여기에서 *Oryza*와 *Prunus*는 무엇을 나타내는 것일까요?
ㄱ) 명명자
ㄴ) 문명
ㄷ) 과명

ㄹ) 속명

ㅁ) 종명

답 생물학자들은 국제적으로 공통된 이름을 사용하자는 취지로 생물에 고유한 이름을 붙이기로 했습니다. 이렇게 해서 붙여진 이름이 생물의 학명입니다. 학명은 통상 이명법을 사용합니다. 이명법은 생물의 이름을 속명과 종명의 두 가지로 나누어서 붙이는 방법입니다. 즉 앞에는 속명, 뒤에는 종명을 붙이고, 그 뒤에는 명명자의 이름을 붙입니다.

그러므로 벼와 복숭아나무의 학명 중에서 *Oryza*와 *Prunus*는 속명이고, *sativa*와 *persica*는 종명이며, *Linné*와 *Batsch*는 명명자의 이름입니다.

정답은 ㄹ)입니다.

문 다음에 나타나 있는 여러 기준 중에서 동물을 분류하는 기준으로 적합하지 않은 것은 어느 것일까요?

(1) 척추의 있고 없음   (2) 호흡기의 종류   (3) 생리적 기능   (4) 몸의 크기

ㄱ) (1), (2), (3), (4)

ㄴ) (2), (3), (4)

ㄷ) (3), (4)

ㄹ) (4)

ㅁ) 모두 적합하다.

답 동물은 여러 가지 특징에 따라 분류됩니다. 가령 동물의 형태와 구조, 생활 방식, 생식 방법, 발생 과정, 체온,

내부 구조 등을 기준으로 분류합니다.

그렇지만 동물의 크기는 분류의 기준이 될 수가 없습니다. 이것은 같은 종일지라도 생활 환경에 따라서 크기가 서로 다르기 때문입니다. 그러므로 정답은 ㄹ)입니다.

● 좀더 알아봅시다

분류의 방법에 관해서 좀더 구체적으로 살펴보도록 할까요? 먼저 식물을 분류해 봅시다.

여기에 민들레, 고사리, 소나무, 우산이끼, 미역, 푸른곰팡이, 은행나무, 일엽초, 냉이, 효모, 벼, 송이버섯 등이 있습니다. 이 많은 식물들은 다음과 같이 다양하게 분류될 것입니다.

① 엽록체가 있는 것 : 민들레, 냉이, 벼, 소나무, 은행나무, 고사리, 일엽초, 우산이끼, 미역.

엽록체가 없는 것 : 푸른곰팡이, 효모, 송이버섯.

② 잎, 줄기, 뿌리의 구별이 있는 것 : 민들레, 냉이, 벼, 소나무, 은행나무, 고사리, 일엽초.

잎, 줄기, 뿌리의 구별이 없는 것 : 우산이끼, 푸른곰팡이, 효모, 송이버섯, 미역.

③ 떡잎이 한 장인 것 : 벼.

떡잎이 두 장인 것 : 민들레, 냉이.

④ 꽃이 있는 것 : 민들레, 냉이, 벼, 소나무, 은행나무.

꽃이 없는 것 : 고사리, 일엽초, 우산이끼, 푸른곰팡이, 효모, 송이버섯, 미역.

다음에는 동물을 분류해 볼까요.

토끼, 개구리, 오징어, 새우, 도롱뇽, 도마뱀, 붕어, 송사리, 사람, 비둘기, 살모사, 거북, 게, 풀무치 등을 다음과 같이 분류할 수 있을 것입니다.

① ⎰ 폐호흡을 하는 것 : 토끼, 개구리, 도롱뇽, 도마뱀, 사람, 살모사, 비둘기, 거북.
　 ⎨ 아가미 호흡을 하는 것 : 오징어, 새우, 붕어, 송사리, 게.
　 ⎱ 기관 호흡을 하는 것 : 풀무치.

② ⎰ 외골격이 있는 것 : 새우, 게, 풀무치.
　 ⎱ 외골격이 없는 것 : 토끼, 개구리, 오징어, 도롱뇽, 도마뱀, 붕어, 송사리, 사람, 살모사, 비둘기, 거북.

③ ⎰ 알을 낳는 것 : 개구리, 오징어, 새우, 도롱뇽, 도마뱀, 붕어, 송사리, 비둘기, 살모사, 게, 거북, 풀무치.
　 ⎱ 새끼를 낳는 것 : 토끼, 사람.

④ ⎰ 척추가 있는 것 : 토끼, 개구리, 도롱뇽, 도마뱀, 붕어, 송사리, 사람, 비둘기, 살모사, 거북.
　 ⎱ 척추가 없는 것 : 오징어, 새우, 게, 풀무치.

눈에 보이지 않는 생명체들

― 세균과 비루스 ―

 이야기

17세기 네덜란드에 레벤후크라는 사람이 있었습니다. 그는 전문적인 교육을 받지 못한 사람입니다. 그럼에도 그는 생물학사에 길이 빛나는 여러 업적들을 이루어 냈습니다. 미생물의 발견, 정자의 발견, 모세 혈관을 지나는 혈액 순환의 발견 등이 그가 이루어 낸 업적인데 이를 가리켜 레벤후크의 3대 발견이라고 합니다.

레벤후크는 소년 시절을 직물점의 점원으로 보내면서 확대경으로 자신의 손이나 여러 물체들을 보곤 했습니다.

"아니, 이럴 수가……. 확대경을 통해서 보니 눈으로 볼 때는 발견해 내지 못했던 것들을 볼 수 있구나!"

이렇게 시작된 그의 호기심은 시간이 지나도 전혀 그칠 줄을 몰랐습니다. 그는 많은 종류의 렌즈를 자신이 직접 만들어, 사람의 머리카락, 나비의 날개, 파리의 다리 등을 관찰했습니다.

그러던 어느 날이었습니다. 집 근처의 호수를 걷고 있던 레벤후크는 호수의 물빛이 변한 것 같은 느낌을 받았습니다.

"이상한데……. 호수의 물 색깔이 몇 달 전과 다른 거 같은데."

　호수의 물을 관찰한 레벤후크는 놀라지 않을 수 없었습니다. 미생물들이 요리조리 왔다갔다하는 모습을 발견했기 때문입니다.

　그 때까지 어느 누구도 미생물들이 물 속에서 헤엄쳐 다니리라고는 전혀 생각도 못했습니다.

　그는 우물물을 비롯해서 집 근처의 도랑물과 빗물까지 관찰했습니다. 결과는 마찬가지였습니다.

　레벤후크는 생각했습니다.

　'미생물들이 꼭 물 속에만 있을 리가 없다. 사람의 눈에 안 보일 뿐이지 어느 곳에든지 존재할 것이다.'

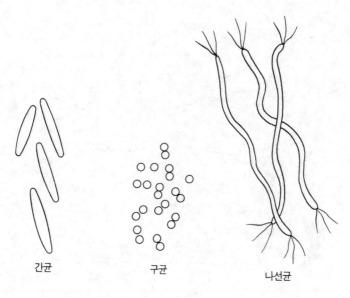

간균   구균   나선균

세균의 일반적인 세 가지 모양

    그는 침과 동물의 분비물을 조사했습니다. 그랬더니 생각했던 대로 거기에도 미생물이 들어 있었습니다.

    레벤후크는 자신이 발견한 결과를 영국의 왕립 협회에 보냈습니다. 여기에 담긴 중심 내용은 주로 이러했습니다.

    "모래알 정도의 크기가 되기 위해서는 적어도 수백만 마리의 미생물이 모여야만 한다. 미생물의 종류는 매우 다양하다."

    레벤후크가 보낸 내용을 왕립 협회는 쉽게 믿으려고 하지 않았습니다. 그러나 레벤후크가 명망 있는 인사들의 서명이 담긴 편지들을 계속 보내 오자 왕립 협회도 더 이상 모른 체할 수만은 없었습니다.

    마지못해 확인에 나섰던 왕립 협회 관계자들은 깜짝 놀랐습니다. 서신의 내용이 모두 옳았기 때문입니다.

사고하기

지구상에 생존하고 있는 생물 집단은 진핵 생물군과 원핵 생물군으로 구분할 수 있습니다.

대부분의 생물은 세포 안에 핵, 미토콘드리아 등을 가지고 있는데 이런 생물을 진핵 생물이라고 합니다.

이에 반해 세포 안에 이러한 기관들을 가지고 있지 않은 생물을 원핵 생물이라고 합니다. 세균과 남조류의 세포는 이러한 기관을 가지고 있지 않습니다.

세균에는 막대 모양, 공 모양, 곡선 모양을 한 것들이 있는데, 이들을 간상균(간균), 구균, 나선균이라고 합니다.

세균은 몇 개가 어떻게 배열되어 있느냐에 따라 분류되기도 합니다.

두 개가 붙어 있는 쌍구균, 연쇄상으로 몇 개씩 연결되어 있는 연쇄 구균, 4개가 연결된 4련 구균, 8개가 연결된 8련 구균, 많은 구균이 포도 송이처럼 뭉쳐 있는 포도상 구균이 있습니다.

세균 중에는 빛 에너지를 이용해서 살아가는 세균이 있는데, 이런 세균을 광합성 세균이라고 합니다. 광합성 세균에는 자색 황세균, 녹색 황세균 등이 있는데 이들이 에너지를 얻는 과정은 녹색 식물이 광합성 작용을 하는 것과는 약간 다릅니다. 즉 녹색 식물은 광합성 작용을 할 때 물을 필요로 하지만 이들은 황화수소(H_2S)를 이용합니다.

살아 있는 미생물은 탄수화물만으로는 살 수 없습니다. 그래서 단백질과 핵산을 필요로 하게 되는데 이 때 이용되는 것이 질소 화합물입니다. 단백질과 핵산을 합성시킬 수 있는 능력을 질소 고정 능력이라고 합니다.

어떤 세균은 엽록소는 가지고 있지만 빛 에너지를 이용하지는 못하는데 이런 세균을 화학 독립 영양 세균이라고 합니다. 화학 독립 영양 세균에는 황세균, 철세균, 질화 세균 등이 있습니다.

황세균은 유황 온천 같은 곳에서 황화수소를 산화시켜 에너지를 얻은 다음 이것을 이용해서 이산화탄소로부터 탄수화물을 합성합니다.

철세균은 부분적으로 산화된 철을 완전히 산화시켜 얻어진 에너지를 이용해서 탄수화물을 합성합니다. 수세식 변기의 물 탱크 내에 생기는 갈색 무늬가 바로 철세균 때문입니다.

질화 세균은 NH_3(암모니아)와 같은 질소 화합물을 산화시켜 질산을 만들고 이로부터 세균의 물질 합성에 필요한 에너지를 얻습니다. 이 과정에서 생성된 질산염은 식물의 삶에 중요한 원소인 질소를 공급해 줍니다.

세균을 감별하는 방법에는 염색이 있습니다. 이것은 매우 효율적인 방법으로서 창안자의 이름을 따서 그람 염색법이라고 합니다.

순수한 에탄올에 의해서 조직뿐만 아니라 균 자체도 탈색되는 세균을 그람 음성 세균, 탈색되지 않는 세균을 그람 양성 세균이라고 합니다. 그람 양성 세균에는 포도상 구균, 연쇄구균, 폐렴균, 나균, 디프테리아균, 파상풍균, 탄저균, 방선균 등이 포함되며, 그람 음성 세균에는 대장균, 이질균, 살모넬라균, 장티푸스균, 임균, 페스트균, 수막염균, 스피로헤타 등이 포함됩니다.

세균을 연구할 때 빠뜨려서는 안 되는 존재가 있습니다. 그것은 바로 비루스(바이러스)입니다.

비루스는 원핵 생물이라고 할 수 없습니다. 비루스에게는 원핵 생물에게 보이는 여러 특성들이 나타나지 않기 때문입니다.

그리고 비루스는 ATP(생물체가 생활 작용을 하는 데 직접적으로 사용할 수 있는 에너지)의 생성이나 물질 대사 작용에 관여하는 효소계도 가지고 있지 못합니다. 그러기 때문에 증식할 수도 없습니다.

따라서 생물학자들 중에는 비루스를 살아 있는 생명체라고 보기 어렵다고 말하는 사람도 있습니다. 여러 가지 특성이 생명체의 기준에 어긋나기 때문입니다. 그래서 흔히들 비루스를 생물체와 무생물체의 중간체라고 부릅니다.

비루스는 1892년에 러시아에서 최초로 발견되었습니다. 러시아의 이바노브스키는 담배 모자이크병에 걸린 담배잎의 즙을 세균 여과기에 여과시켰습니다. 그리고 이 여과된 액을 건강한 담배잎에 주입시켰더니 얼마 후 모두 담배 모자이크병에 걸렸습니다. 현미경으로 보이지는 않지만 세균 여과기를 통과한 어떤 물질이 모자이크병을 옮긴 것입니다. 이렇게 해서 비루스는 발견되었습니다. 이 때 발견된 비루스는 담배 모자이크 비루스인데 약어로 TMV라고 표현합니다.

1935년 미국의 스탠리는 담배 모자이크 비루스(TMV)를 결정의 상태로 추출해 내는 데 성공했습니다.

이것은 놀라운 성과였습니다. 왜냐하면 비루스를 결정체, 즉 입자의 형태로 추출했다는 것은 비루스를 살아 있는 생명체로 간주하기에는 적합치 않다는 사실을 보여 주기 때문입니다.

비루스는 생명체와 무생명체의 중간적인 특성을 가지고 있

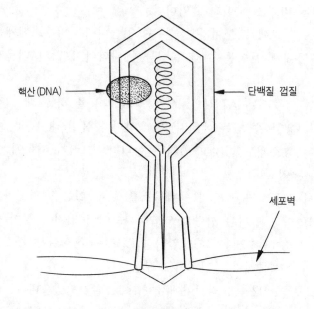

핵산(DNA) ← 단백질 껍질

세포벽

박테리오파지

습니다.

(1) 살아 있는 세포에서 증식한다.

(2) 돌연 변이 종이 나타난다.

(3) 물질 대사 능력이 없다.

(4) 단백질의 결정체로 추출된다.

이 중 (1)과 (2)는 생명체적인 특성, (3)과 (4)는 무생명체적인 특성이라고 할 수 있습니다.

탐구하기

김 선생님은 다음과 같은 방법으로 담배 모자이크병에 관한 실험을 하였습니다.

172

〈실험〉 담배 모자이크병에 걸린 담배잎으로부터 추출해 낸 물질을 세균 여과기에 걸렀습니다. 그리고는 이 여과액을 다른 담배잎에 주입시켰습니다.

이로부터 김 선생님은 다음과 같은 실험 결과를 얻어냈습니다.

〈결과〉 여과액이 주입된 담배잎뿐만 아니라 다른 담배잎도 담배 모자이크병에 걸렸습니다.

그러면 이 실험과 결과만을 보고 얻어낼 수 있는 결론 중 옳다고 생각되는 것은 어느 것일까요?

ㄱ) 담배 모자이크병의 병원체는 세균의 돌연 변이체임이 확실하다.

ㄴ) 담배잎의 추출물에는 담배 모자이크병을 일으킬 수 있는 독소가 전혀 들어 있지 않다.

ㄷ) 담배 모자이크병은 모든 종류의 세균을 전염시킬 수 있다.

ㄹ) 담배 모자이크병은 세균보다 더 작은 병원체에 의해서 발발하게 된다.

ㅁ) 담배 모자이크병의 병원체는 눈으로도 식별할 수 있는 정도의 크기를 가지고 있다.

답 세균이 통과하지 못하는 세균 여과기에 걸러진 여과액을 다른 담배잎에 주입시켰더니 담배 모자이크병에 걸렸다면 이 사실로부터 우리가 알 수 있는 것은 무엇이겠습니까?

그것은 담배 모자이크병의 병원체가 세균보다 작다는 사실입니다. 그러니까 담배 모자이크병의 병원체가 세균이 통과할 수 없는 여과기를 통과한 것이겠죠.

따라서 정답은 ㄹ)입니다.

문 과거에는 비루스가 지구상에 등장한 최초의 생물일 것이라고 생각했습니다. 그러나 오늘날에는 그렇게 생각하지 않습니다.

그렇게 된 가장 결정적인 증거는 무엇일까요?

ㄱ) 비루스는 유전 물질을 가지고 있지 않다.

ㄴ) 비루스는 단백질 결정체로 추출될 수 없다.

ㄷ) 비루스는 번식 능력이 빠르지 않다.

ㄹ) 비루스는 일반적인 단세포 생물에 비해서 굉장히 복잡한 구조를 가지고 있다.

ㅁ) 비루스는 살아 있는 세포 속에서만 증식한다.

답 비루스의 외부 구조나 내부 구조가 어떻든 간에 비루스가 살아 있는 세포 속에서만 증식한다는 사실은, 비루스가 지구상에 태어난 최초의 생물이 아님을 확실히 뒷받침해 주는 증거입니다. 비루스 이전에 나타난 생물이 없었더라면 비루스 또한 생존할 수 없었을 테니까요.

정답은 ㅁ)입니다.

● **좀더 알아봅시다**

지질 시대의 생물에 관해서 알아보도록 합시다.

고생대는 무척추 동물의 시대라고 할 수 있습니다.

선캄브리아대의 시생대 생물에는 탄소 화합물, 박테리아 화석, 스트로마톨라이트와 같은 것들이 발견됩니다.

선캄브리아대의 원생대 생물에는 콜레니아와 다세포 식물

화석이 발견됩니다.

캄브리아기에는 삼엽충과 완족류가 번성했습니다.

오르도비스기에는 두족류, 산호류, 필석류가 번성했으며, 이 때 최초의 척추 동물인 어류가 출현했습니다.

실루리아기에는 산호류, 바다전갈, 완족류가 번성했으며, 이 때 최초의 육상 식물인 송엽란류가 출현했습니다.

데본기는 어류 시대라고 할 수 있으며, 갑주어, 폐어, 육상 식물이 번성했고, 양서류가 출현하기 시작했습니다.

석탄기는 양서류 시대라고 할 수 있으며, 양서류, 방추충 (푸줄리나), 곤충류가 번성했고, 파충류가 출현하기 시작했습니다.

페름기는 양서류와 파충류가 번성했고 겉씨 식물이 출현하기 시작했으며, 이 시기의 말기에 와서는 삼엽충이나 방추충이 멸종했습니다.

중생대는 겉씨 식물과 파충류 시대라고 볼 수 있습니다.

트라이아스기는 두족류인 암모나이트와 공룡이 번성했으며, 이 때 원시 포유류가 등장하기 시작했습니다.

쥐라기는 그야말로 공룡류의 전성 시대입니다. (공룡을 소재로 한 소설인 『쥐라기 공원』도 있지 않습니까?) 물론 이 때 시조새도 출현했지요.

백악기는 조개류와 소라류가 번성했고 말기에 와서는 공룡과 암모나이트가 멸종하면서 속씨 식물이 나타나기 시작했습니다.

신생대는 포유류와 속씨 식물의 전성 시대입니다.

제3기는 유공충과 같은 화폐석, 포유류, 속씨 식물이 번성했습니다.

제4기는 매머드와 속씨 식물이 번성했으며, 이 때 인류의
조상격이라고 볼 수 있는 생물이 출현했습니다.

지구를 살리자
— 생태계 —

 이야기

인간은 좀더 여유 있고 풍요로운 삶을 살려고 노력합니다.

인간이 보다 나은 미래의 삶을 위해 건물을 짓고, 공원을 만들고, 골프장과 스키장을 만드는 것은 자연스러운 것입니다.

어떻게 생각하면 아직까지 국내의 실정에는 사치스러워 보이는 스키장과 골프장 같은 것도 그런 욕망을 채우기 위해 만드는 것이라고 할 수 있습니다.

골프장과 스키장이 많이 생겨서 모든 사람들이 손쉽게 골프와 스키를 즐길 수 있으면 좋을 것입니다.

그렇지만 무턱대고 이런 시설들을 많이 만들기만 하면 좋은 것이 아닙니다. 여기에는 심각한 문제가 뒤따릅니다.

이 문제점이란 무엇일까요? 바로 자연 생태계의 파괴입니다.

골프장이나 스키장의 무분별하고 무계획적인 건설은 산이나 강을 마구 훼손시켜 그 지역의 자연 생태계를 파괴시킵니다.

혹시 이렇게 생각하는 사람은 없을까요?

'아니, 자연 생태계가 파괴되는 것이 우리 인간과 무슨 상관이람?'

만일 이렇게 생각하는 사람이 있다면, 매우 심각한 문제입니다.

한 지역의 자연 생태계가 무너진다면 처음에는 그 인근 주변의 동물과 식물만이 막대한 피해를 입게 될 것입니다. 그렇지만 멀지 않아 그 피해는 인간에게 다가오고 말 것입니다. 자연 생태계 파괴로 인간이 입는 피해는 바로 인간 생존의 문제와 직결됩니다. 그것은 인간이 사느냐 죽느냐의 문제입니다.

예를 들면, 이상 기후에 의해 아프리카에서는 수백만 명의 사람들이 목숨을 잃기도 하고, 엄청난 폭우로 인해 대도시가 하루아침에 물바다로 변하며, 천적이 멸종하여 각종 해충이 농작물을 단숨에 쑥밭으로 망가뜨리기도 합니다.

이 모두가 생태계 파괴로 인한 무서운 결과들입니다.

요즘에 와서 지구 환경 문제의 중요성을 깨닫고 그 대책을 협의하고 연구하는 국제적 활동이 활발히 이루어지고 있습니다. 그 중 하나가 지구 온난화 문제입니다.

인간이 문명의 이기로 사용하고 있는 냉장고는 냉매제로 프레온 가스를 사용하고 있습니다. 그리고 공장들이 방출하는 공해 가스 중에는 이산화탄소와 같은 물질이 포함되어 있습니다.

그런데 이것들은 지구의 온도를 높이는 결과를 초래하여 생태계를 파괴하고 있습니다.

인간은 오로지 '현대 문명 사회의 발전'이라는 목적만을 위해 무분별하게 공업화를 추진해 왔습니다. 그리고 개발이라는 미명하에 아름다운 자연을 파괴시키고 자연의 균형을 깨뜨려 버렸습니다.

그 결과 지구의 기온이 매년 조금씩 상승하게 되고 지구에는 심상치 않은 여러 징후들이 서서히 나타나게 되었습니다. 지금 남극 상공의 오존층에는 구멍이 뚫려 지구의 장래에 먹구름을 드리우고 있습니다. 지구의 온도가 급속히 상승하고 있기 때문입니다.

상황이 이 정도로 심각해진 후에야 불안감을 느끼기 시작한 인간들은 이것이 일시적인 기온의 변화가 아니라 스스로가 무분별하게 환경을 파괴해 온 대가임을 깨닫기 시작했습니다. 늦은 감이 없진 않지만 사람들은 한목소리로 외치기 시작했습니다.

"냉장고에 프레온 가스를 사용하지 말자. 이산화탄소를 많이 배출하는 산업을 억제하자. 지구를 푸르게 만들자……."

 사고하기

생물과 비생물 환경이 상호 작용하고 있는 군집을 생태계라고 합니다.

비생물 환경에는 여러 가지가 있을 수 있으나 여기에서는 빛, 온도, 수분에 대해서 알아보도록 합시다.

빛은 그야말로 모든 생물의 생명 활동에 필요 불가결한 에너지의 근원입니다. 식물이 광합성을 하고 꽃을 피우는 행위도 빛이 존재하지 않는다면 불가능할 것입니다.

빛을 쪼여 주는 시간을 변화시키면 동물이나 식물의 주기적인 행동이나 활동 상태에 영향을 줄 수 있는데 이것을 광주성이라고 합니다.

광주성에 따라 식물은 장일 식물, 중일 식물, 단일 식물로 나누어집니다. 빛의 조절을 통해 닭이나 새 등 조류의 산란 시기를 조절할 수 있는데 이것도 광주성과 관련이 있습니다.

온도는 계절, 시간, 위도에 따라서 변하므로 생물의 분포나 생활에 큰 영향을 끼칩니다. 온도 변화에 따라서 효소의 활성이 달라지고 물질 대사가 변하기 때문입니다.

온도가 높거나 낮아 활동하기에 적당하지 않은 상태가 되면 생물에게는 여러 가지 적응 현상이 나타나게 됩니다. 예를 들면 동물에게는 털갈이, 겨울잠, 철새의 이동 등이 나타나며, 식물의 경우에는 꽃눈이 형성되고 꽃이 피는 것, 낙엽이 지는 것, 겨울눈이 형성되는 것과 같은 적응 변화가 나타나게 됩니다.

덴마크의 생물학자인 라운키에르는 건조기나 혹한기를 지내면서 식물의 어느 부분에 겨울눈이 생기느냐에 따라서 식물의 생활형을 구분하였습니다. 즉 그는 지상 식물(느티나무), 지표식물(국화), 반지중 식물(민들레), 지중 식물(나리), 수생 식물(수련), 일년생 식물(자주달개비)로 구분했습니다.

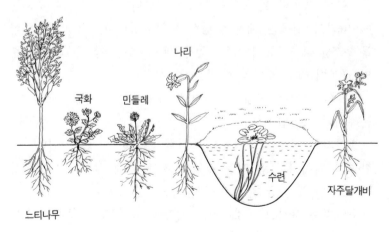

라운키에르에 의한 식물 생활형

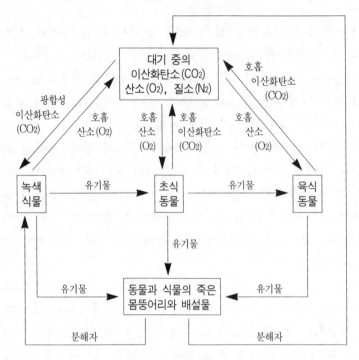

생태계에서의 물질 순환 과정

　수분도 생물의 활동에 필수적인 것입니다. 서식지의 수분량
에 따라서 생물은 매우 다양하게 분류됩니다. 가령 수생 식
물, 습생 식물, 중생 식물, 건생 식물, 수중 동물, 육상 동물
의 구분이 그런 것이라 할 수 있습니다.

　생물의 군집은 크게 세 가지로 나눕니다. 생산자, 소비자,
분해자가 그것입니다.

　생산자란 전적으로 광합성 작용에 의지하는 생물입니다. 광
합성에 의해서 독립 영양 생활을 하는 녹색 식물, 화학 합성
세균, 광합성 세균 같은 것들이 생산자가 됩니다.

　소비자는 다시 1차 소비자, 2차 소비자, 3차 소비자로 구분

합니다. 1차 소비자는 초식 동물, 2차 소비자는 작은 육식 동물, 3차 소비자는 큰 육식 동물입니다.

분해자는 유기물이 분해될 때 발생하는 에너지를 이용하는 미생물을 가리킵니다.

이 세 가지의 생물 군집, 즉 생산자, 소비자, 분해자 사이에는 회전하는 기어의 톱니가 맞물리는 것 같은 연쇄 작용이 일어나고 있습니다.

녹색 식물은 초식 동물에게 먹히고 초식 동물은 다시 육식 동물에게 먹힙니다. 좀더 구체적으로 말하자면, 풀을 먹는 메뚜기는 두꺼비에게 잡아먹히고, 두꺼비는 다시 뱀에게 잡아먹히게 됩니다.

이러한 먹이의 경로를 먹이 연쇄라고 합니다.

이처럼 모든 먹이 연쇄의 시작은 녹색 식물과 같이 광합성 작용을 해서 독립적으로 생활할 수 있는 생물로부터 시작됩니다. 그래서 이들 생물을 생산자라고 하는 것입니다.

그리고 풀이 생산자이면 메뚜기는 1차 소비자, 두꺼비는 2차 소비자, 뱀은 3차 소비자가 됩니다.

이런 먹이 연쇄 과정에는 에너지의 흐름이 따르게 됩니다. 예를 들면 풀을 먹은 메뚜기는 자신이 먹은 풀 속에 저장되어 있는 에너지를 이용해서 살아가지 않습니까?

이렇게 생태계의 생물 군집에서 에너지가 먹이 연쇄를 따라 이동되는 단계를 영양 단계라고 합니다.

사실 생물 군집에서 무엇이 무엇을 먹느냐 하는 먹이 연쇄 관계는 다양한 사슬로 연결되어 있습니다. 대부분의 동물들이 다양한 먹이를 먹긴 하지만, 그 또한 여러 종류의 동물들에게 잡아먹히는 신세가 되기 때문입니다.

따라서 먹이 연쇄 과정에서의 에너지의 흐름이 상당히 복잡한 그물처럼 얽혀 있을 것이란 사실을 충분히 알 수 있겠지요. 그렇지만 간단하게 생각한다면 생물 군집 사이에서 나타나게 되는 에너지의 흐름은 태양 에너지→생산자→소비자→분해자의 순서가 됩니다.

이로부터 우리는 한 과정 중의 에너지 효율을 얻어낼 수 있을 것입니다.

$$에너지\ 효율(\%) = \frac{그\ 영양\ 단계의\ 에너지\ 양}{전체\ 영양\ 단계의\ 에너지\ 양} \times 100$$

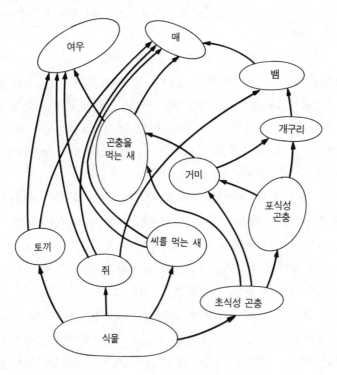

먹이 그물의 한 형태

그렇다면 각각의 영양 단계에 속해 있는 생물의 개체수, 에너지의 양 같은 것들을 그래프로 그릴 수 있을 것입니다. 이것을 각각 개체수 피라미드, 에너지 피라미드라고 하며, 이것을 통틀어서 생태 피라미드라고 합니다.

일반적으로 생태 피라미드는 정상적인 피라미드의 형태를 나타내지만 때때로 역피라미드의 형태를 나타내는 경우도 있습니다.

생태계를 구성하는 생물의 수나 종류가 변하지 않으면 자연 생태계는 안정된 상태를 유지할 것입니다. 즉 생태계 내부의 먹이 연쇄 과정, 물질 순환 과정, 에너지의 흐름 과정 등에 평형이 유지된다면 자연 생태계도 평형을 이룰 것입니다.

그러나 여러 형태의 자연 재해나, 인간의 무분별한 자연 파괴 행위 같은 것에 의해서 자연 생태계는 훼손됩니다. 물론 그 정도가 심할 경우에는 생태계의 회복이 도저히 불가능해질 수도 있습니다.

인간의 자연 생태계 파괴 행위는 이미 심각한 상태입니다. 그 대가로 인간은 스모그 현상, 산성비, 물의 오염, 쓰레기의 범람 등을 치르고 있습니다.

무분별한 자연 파괴 행위가 부메랑 효과로 인간 자신들에게 돌아온다는 사실을 깨닫게 되자 인간은 자연 보존을 위해 노력하기 시작했습니다.

1972년 6월 스웨덴의 스톡홀름에서는 국제 자연 보존 연맹(IUCN)의 주관하에 인간 환경 회의가 개최되었습니다. 이 회의에서는 '하나밖에 없는 지구'라는 슬로건 아래 하나의 인간 환경 선언문을 채택했습니다.

스모그 현상으로 앞을 볼 수 없다느니, 산성비가 내린다느

니, 오염 때문에 물을 마실 수 없다느니, 쓰레기가 범람한다
느니하고 불평만 할 것이 아니라 우리 모두가 한 가지씩이라
도 자연 보호 운동에 앞장서야 할 것입니다.

탐구하기

일반적으로 생물의 먹이 연쇄 과정은 피라미드 형태를
취하고 있습니다. 그러면 다음 중에서 생태계의 먹이 피
라미드가 옳게 배열된 것은 어느 것일까요?

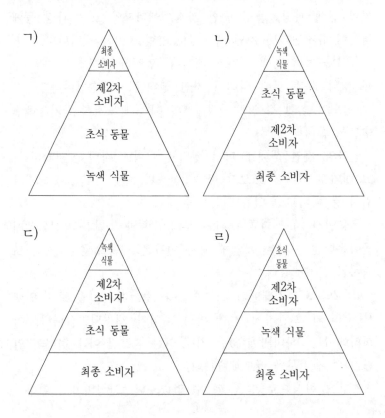

ㄱ)

- 최종 소비자
- 제2차 소비자
- 초식 동물
- 녹색 식물

ㄴ)

- 녹색 식물
- 초식 동물
- 제2차 소비자
- 최종 소비자

ㄷ)

- 녹색 식물
- 제2차 소비자
- 초식 동물
- 최종 소비자

ㄹ)

- 초식 동물
- 제2차 소비자
- 녹색 식물
- 최종 소비자

ㅁ)

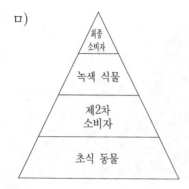

답 평형 상태가 이루어지고 있는 생태계의 먹이 연쇄 과정에서 잡아먹히는 생물은 잡아먹는 생물에 비해서 개체수가 많습니다. 그리고 몸집 또한 작습니다.

그래서 생태계의 모양은 생산자에서 최종 소비자로 올라갈수록 생물의 개체수가 점점 감소하는 피라미드 모양을 하게 되는 것입니다. 이것을 먹이 피라미드라고 합니다.

먹이 피라미드에서 가장 아래 부분, 즉 가장 넓은 부분은 언제든지 녹색 식물인 생산자의 차지이며, 그 위로는 제1차 소비자인 초식 동물, 제2차 소비자인 작은 육식 동물, 최종 소비자인 큰 육식 동물이 분포하게 됩니다.

정답은 ㄱ)입니다.

문 어느 곳에서 생활하고 있는 생물 군집의 먹이 연쇄 과정을 조사해 보았더니 아래와 같은 피라미드의 모양을 하고 있었습니다.

그러면 이 때 (나)의 위치에 있는 생물의 개체수가 갑자기 감소하게 되면 어떤 현상이 나타나게 될까요?

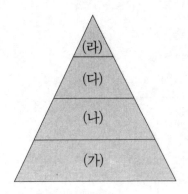

ㄱ) (가)의 위치에 있는 생물의 개체수는 증가하고 (다)의
위치에 있는 생물의 개체수는 감소한다.

ㄴ) (가)와 (다)의 위치에 있는 생물의 개체수는 감소하고
(라)의 위치에 있는 생물의 개체수는 증가한다.

ㄷ) (가)와 (다)의 위치에 있는 생물의 개체수는 증가하고
(라)의 위치에 있는 생물의 개체수는 감소한다.

ㄹ) (다)와 (라)의 위치에 있는 생물의 개체수가 모두 증가
한다.

ㅁ) (다)의 위치에 있는 생물의 개체수는 증가하고 (라)의
위치에 있는 생물의 개체수는 감소한다.

답 생태계의 먹이 피라미드에서 (가)에는 녹색 식물, (나)에
는 제1차 소비자인 초식 동물, (다)에는 제2차 소비자,
(라)에는 제3차 소비자인 최종 소비자가 분포하게 됩니다.

그러니 초식 동물인 (나)의 생물이 갑자기 감소하게 되면
(가)의 생물을 잡아먹지 못하게 되어 (가)의 생물이 증가하게
될 것입니다. 그리고 (다)의 생물은 잡아먹을 먹이, 즉 (나)
의 생물이 부족하게 되어 자연히 감소하게 될 것입니다.

그러므로 정답은 ㄱ)입니다.

● **좀더 알아봅시다**

자연 생태계를 이루고 있는 물질들은 형태를 여러 가지로 바꾸어 가면서 미생물의 작용과 먹이 연쇄 과정에 의해서 쉬지 않고 생물과 무기 환경 사이를 순환하고 있습니다.

그러면 여기에서는 먹이 연쇄 과정을 통해서 탄소와 질소가 어떠한 과정으로 순환하는지 알아보도록 하지요.

탄소는 이산화탄소(CO_2)의 형태로 생물계를 출입하고 있습니다. 공기 중이나 물 속의 이산화탄소는 녹색 식물의 광합성 작용에 의하여 탄수화물과 같은 물질로 변화되고, 탄수화물은 다시 지방이나 단백질의 재료로 이용되기도 합니다. 그리고 이것의 일부는 식물 자신의 호흡에 의해서 다시 이산화탄소의 형태로 공기 중이나 물 속으로 방출됩니다.

녹색 식물에 의해서 만들어진 탄수 화합물은 일차적으로 초식 동물에게 먹힌 다음, 먹이 연쇄 과정을 통해서 여러 종류의 동물에게 전해지게 됩니다.

동물과 식물의 죽은 몸체나 배설물 속에 존재하는 유기물은 미생물(이것을 분해자라고 합니다)에 의하여 분해되어 무기물로 변하게 되는데 이 때에도 이산화탄소가 발생되어 공기 중이나 물 속으로 방출됩니다.

질소(N_2)는 생물의 몸을 구성하는 단백질의 주요 성분입니다. 녹색 식물은 광합성에 의해서 만든 탄수화물과 뿌리에서 흡수한 무기 질소 화합물을 이용하여 단백질을 합성하는데, 이것을 질소 동화 작용이라고 합니다.

이렇게 해서 만들어진 단백질은 먹이 연쇄 과정을 따라서 여러 동물에게 전해져 생물의 몸을 구성하거나 에너지원이 됩니다.

그리고 동물과 식물의 죽은 몸체나 배설물 속에 포함된 단백질은 미생물(분해자)에 의해서 무기 질소 화합물로 분해되어 흙 속으로 들어가게 됩니다. 이 질소 화합물이 다시 식물의 뿌리로 흡수되어 단백질 합성에 이용되는 것입니다.

넷째마당

과학의 발자취

생각이 만들어 낸 위업들
— 과학 사상의 흐름 —

 이야기

  최초의 인류가 지구상에 그 모습을 드러낸 시기는 지금으로부터 약 2백만 년에서 3백만 년 전입니다.

  그렇지만 이렇게 긴 인류 역사에 비해 오늘날 우리들이 생각하고 있는 것과 같은 과학의 역사는 그다지 길지 않습니다. 즉 자연에 대한 인간의 체계적인 과학이 탄생된 것은 불과 지금으로부터 수천 년 전이며, 더 나아가서 근대적인 의미로서의 실질적인 과학이 시작된 것은 지금으로부터 겨우 수백 년 전입니다.

  초기 인류의 생활은 매우 원시적이었습니다. 그러나 이들에게는 생각하는 능력이 있었습니다.

  최초의 인간들은 생각하는 능력을 도구를 만들거나 사냥을 할 때 최대한 이용함으로써 자신들의 지적 능력을 계속 계발시켜 갔습니다.

  그러다가 구석기 시대에 들어와서 인류는 최초의 기술적 혁명이며 또한 인류 문화 발전의 원동력이 되었다고 볼 수 있는 불을 발견하게 됩니다.

  구석기 시대에 불을 발견함으로써 커다란 진보를 이룩한 인류는 신석기 시대에 들어오면서 또 하나의 혁명적인 진보를

이룩하게 됩니다. 그것은 인류가 가축을 기르고 농토를 경작하는 방법을 터득하게 된 것입니다.

이렇게 됨으로써 인류는 감각적인 본능에 의지하기보다는 합리적인 지식에 더 큰 비중을 두면서 삶을 영위해 나갈 수 있는 터전을 마련하게 된 것입니다. 다시 말하면 인간은 자연의 도전에 좀더 능동적으로 대처할 수 있는 능력을 가지게 된 것입니다.

그 후 인류는 금속을 발견하게 되는데 이것은 국가라고 부를 수 있는 하나의 대단위 집단을 만들어 내는 데 결정적인 기여를 하게 됩니다.

매우 느린 속도이기는 하지만 이런 변화의 과정을 거치면서 인류 과학 발전의 역사는 한 걸음 한 걸음 그 서막이 열리기 시작한 것입니다.

인간의 인지가 조금씩 발달해 감에 따라 문명이 일찍 발생한 지역에서는 자연을 알고자 하는 사색이 일어나기 시작했습니다.

그렇지만 이 당시 사람들의 사색은 합리적인 요소보다는 신화적인 요소에 더 많이 의존하고 있었습니다.

그러나 어둠이 지나면 새벽이 찾아오듯 신이라는 존재가 모든 세상사를 총괄하고 있다는 생각에도 변화가 찾아오기 시작했습니다. 즉 인류는 신이라는 보이지도 않는 존재에 의존하지 않고서도 자연을 올바르게 인식할 수 있다는 위대한 생각에 도달하게 된 것입니다.

고대 그리스 시대의 탈레스는 논리적인 요소를 신화적인 요소보다 더 중요하게 생각하여 자연 현상을 자연 그 자체에서 찾으려 노력하였습니다.

흔히 자연 철학자라고 불리는 고대 그리스 초기 학자들의 공통된 주요 관심사는 '우주를 구성하고 있는 근본 실체가 무엇이냐'는 것이었습니다.

이 기본적인 의문점들에 대해서 자연 철학자들은 다양한 생각을 가지고 있었습니다.

탈레스는 "만물의 근원은 물이다", 아낙시만드로스는 "만물의 근원은 무한정자다", 아낙시메네스는 "만물의 근원은 공기다", 헤라클레이토스는 "만물의 근원은 불이다", 엠페도클레스는 "만물을 구성하고 있는 물질은 흙, 물, 불, 그리고 공기다"라고 주장했습니다.

우주의 근본 실체에 대한 이들 그리스 자연 철학자들의 대답은 어찌 보면 굉장히 유치할 수도 있습니다. 그럼에도 불구하고 이들의 주장을 높이 사는 것은 이들이 이러한 대답을 얻어내기까지 끊임없이 합리적이고도 논리적인 사고 과정을 거쳤기 때문입니다.

 사고하기

오늘날 인류 문명이 존재할 수 있는 것은 과거 인류가 목적 의식적으로 도구를 제작하고, 사용하였으며, 끊임없이 이를 발전시켜 왔기 때문입니다.

고대 원시 사회 이래 인간의 모든 기술적 행위는 언제나 종교와의 싸움 속에서 자연스럽게 성장해 왔습니다. 좀더 구체적으로 말하면 점성술과 대립하고 투쟁하면서 천문학이 발전해 왔고, 허무 맹랑해 보이는 연금술의 텃밭 위에서 오늘날의 화학이 성장해 왔으며, 무당의 주술적 치료의 기인으로부터 의학의 토대가 성립되었지요.

근대적 의미의 과학 사상이 싹트기 시작한 것은 그리스 자연 철학 사상의 황금기인 고대가 지나가고 중세의 암흑기를 거쳐 자본주의 사상이 서서히 나타날 무렵이었습니다.

이 시기에는 사회 전체적으로 인간을 신에게서 해방시키려는 운동이 널리 일어나게 되는데 과학 사상에도 이런 움직임은 예외가 아니었습니다. 즉 비로소 근대적인 학문으로서의 자연과학이 정립되게 된 것입니다.

이 당시, 즉 15, 16세기 자연 과학을 일으킨 선구자로는 레오나르도 다 빈치, 코페르니쿠스, 베살리우스 등을 들 수 있습니다.

이 책의 앞부분에서도 살펴보았듯이 이 세 사람이 후세의 과학 사상에 끼친 공헌은 말로 다 표현하기 어려울 정도로 지대한 것이었습니다.

이들의 연구 결과는 모두 그 당시 사회의 실질적 주인이었던 종교인들에게 커다란 충격을 안겨 주었다는 점에서 공통점을 가지고 있습니다. 이들의 사상은 그 때까지 고이 잘 내려오던 전근대적 과학 사상에 일대 혁명의 바람을 불어오게 하여 중세적 세계관 그 자체를 뿌리째 흔드는 결과를 가져왔습니다.

그렇지만 이 와중에 여러 학자가 이들의 견해에 찬성을 하다 큰 봉변을 당하는 불행한 일이 수없이 일어났습니다. 브루노라는 신학자가 지동설을 주장하다 화형당한 일은 가장 대표적인 경우라 할 수 있을 것입니다.

그 뒤 자연 과학은 갈릴레이와 뉴턴이라는 두 명의 걸출한 과학자에 의해 고전 역학이라는 형태로 완성됩니다.

자연 과학이 근대화의 단계를 밟고 있는 이 때 서양 사회는 수공업 시대가 진행되고 있었습니다. 이 당시 서양 사회는 광산, 군사, 항해 등과 같은 산업이 주축이었는데, 이것은 앞으로 다가올 산업 혁명에 대한 하나의 징조였다고 할 수 있습니다.

중세 말기부터 서서히 나타나기 시작하여 르네상스 시대에 들어와 그 힘을 유감 없이 발휘하기 시작한 상인 세력들은 이 당시의 사회 구조 자체를 변화시켜 버렸습니다. 즉 '길드'라는 이름의 소규모 수공업 집단이 분업화된 직공들을 거느리는 대규모 생산 집단으로 발전하게 된 것입니다.

이렇게 되자 직공들은 대규모 공장의 임금 노동자로 전락했고 몇몇 소수의 상인에 의한 자본 축적이 가능하게 되었습니다. 상인들은 자본 축적을 통해 그들의 힘을 강화하면서 중세 시대의 터주대감이었던 봉건 지주 세력을 몰락시키는 결과를 낳았습니다.

상인들은 자신의 상업 활동을 지원해 줄 강력한 권력의 탄생을 바랐고 그 결과 왕권이 강화되어 절대 왕정이 시작되었습니다.

그 후 서양 세계는 몇 번의 사회 혁명을 거쳐 국가 형태를 근대화시키는 단계에 이르게 됩니다. 이런 과정이 비교적 순조롭게 진행된 서양의 국가에서는 사상가, 문인, 과학자들의 수가 증가하게 되고 근대적인 학문과 문화가 형성되게 되었습니다.

자연 과학도 이러한 사회적 분위기와 직접적인 연관을 맺으며 발전하게 됩니다.

산업 혁명기의 자연 과학은 대략 네 가지 특징을 가진다고 볼 수 있습니다.

첫째, 이 당시의 자연 과학 연구는 사회적인 요구를 충분히 반영하면서 발전하였다는 사실입니다. 즉 자연 과학은 이 당시의 여러 가지 문제를 확실히 인식하면서 진행되었습니다.

둘째, 자연 과학이 한 걸음 더 발전할 수 있는 계기가 마련되었다는 사실입니다. 즉 이 때부터 자연 과학은 근대적인 학문으로서의 논리적이면서 독자적인 발전을 이루기 시작하게 됩니다.

셋째, 반플라톤, 반아리스토텔레스의 자연관이 완전히 확립되었다는 사실입니다. 즉 갈릴레오나 뉴턴의 자연관이 나타나면서 고대 그리스 시대 이래 신화적인 요소에 의존해 온 자연관이 실증적인 연구로 변합니다. 이런 분위기는 그 뒤 우주관은 말할 것도 없거니와 물질관, 생명관에까지 침투해 자연 과학 분야에 일대 혁신의 바람을 불러일으켰습니다.

넷째, 자연 과학을 하는 새로운 방법이 출현했다는 사실입니다. 즉 과거와는 달리 실험이나 기술의 의의를 높게 평가하면서 자연을 주관적이 아닌 객관적으로 바라보고 관찰하는 바탕 위에서 이해해야만 한다는 풍조가 확립되었습니다.

이처럼 그럴듯해 보이는 흐름은 19세기까지는 잘 이어졌습니다. 그러나 19세기 후반부터 문제점이 드러나기 시작했습니다.

근대 초기부터 성립된 자연 과학은 눈에 보이는 것에 한정되었습니다. 그러던 것이 산업 혁명을 거치면서 그 영역은 열, 빛, 전기 분야로 퍼져 나가게 되었던 것입니다.

그렇지만 이 당시의 과학자들이 자연을 바라보는 시각은 기계론적인 뉴턴의 고전적 시각에서 벗어나지를 못했습니다. 이것이 19세기 후반 심각한 위기를 맞게 되는 결정적 계기가 되었던 것입니다.

이 위기를 극복한 것이 상대성 이론과 양자 이론입니다.

상대성 이론과 양자 이론에 의해서 포문을 열기 시작한 20세기 현대 과학은 원자 세계의 탐험을 가능하게 하였습니다. 그 후 원자보다 더 작은 세계로의 탐험까지 가능해지게 되자 그 당시까지 인식되어 왔던 물질관에 큰 변화를 가져오게 하였습니다.

그리고 이와 더불어 현대 과학의 도움을 얻은 원자 폭탄이라는 상상도 못했던 살상 무기가 개발됨에 따라서 과학이 이제는 더 이상 개인적인 취미나 오락의 형태로 발전되어서는 안된다는 자각을 하게 되었습니다. 즉 과학자들은 인류 전체를 항상 염두에 두고 과학을 연구해야만 할 필요성을 느끼게 된 것입니다.

간략하게나마 과학이 걸어온 길을 살펴보았습니다. 여기서 우리는 역사 속에 국가 체계가 완성되고 붕괴되는 여러 과정이 있었던 것처럼 과학의 역사 속에도 과학 체계가 완성되고 붕괴되는 여러 과정이 있었음을 알았습니다.

마지막으로, 우리는 다음의 사실을 간과해서는 안 됩니다.

"모든 다른 학문 분야에서와 마찬가지로, 과학의 역사 속에도 수많은 과학자들의 작은 업적이 있었다."

우리에게 친숙한 아인슈타인, 뉴턴, 갈릴레이, 다윈 등과 같은 이들의 업적 뒤에는 이것이 빛을 발할 수 있도록 보이지 않게 공헌한 수많은 과학자들의 노력들이 있었음을 잊어서는 안 될 것입니다.

 탐구하기

우리 문화의 기초가 되어 있고, 주의 깊게 재검토되어야 할 세계관과 가치 체계는 16세기 및 17세기에 본질적 형태가 형성되었다. 1500년과 1700년 사이에 인간의 세계관과 사고 방식에 극적인 변화가 있었다. 이 우주에 대한 새로운 인식과 개념은 우리 서구 문명의 현대적 특질을 형성하게 하였다. 이것이 과거 300년간 우리 문화를 지배한 기초적 모형이 된 것인데 그것이 이제 막 변화되려 하고 있는 것이다.

1500년 이전의 유럽의 지배적 세계관은 대부분의 다른 문명과 같이 유기적인 것이었다. 사람들은 소형의 친밀한 집단에서 생활했으며 유기적 상관 관계를 가지고 자연을 경험하고 있었다. 정신적 현상과 물질적 현상이 상호 의존적이었으며 개인적 필요는 집단의 필요에 종속되는 것이 이 시기의 특징이었다. 이 유기적 세계관의 과학적 기본 구조는 아리스토텔레스와 교회라는 두 개의 권위에 의존했다. 13세기 토마스 아퀴나스(Thomas Aquinas)는 아리스토텔레스의 종합적 자연 체계와 기독교 신학 및 윤리학을 결합하여 개념적인 기본 구조를 수립하였으며, 이것이 중세기를 통해 아무런 의문 없이 존속되었다. 중세 과학의 본질은 지금의 과학의 본질과는 아주 달랐다. 중세 과학은 이성과 신앙 두 가지 위에 기초하고 있었고, 그 주목적은 사물의 예측과 통제보다는 그 의미와 중요성을 이해하는 것이었다. 중세 과학자들은 각종 자연 현상의 배후에 있는 목적을 추구하면서 신(神), 인간 영혼 및 윤리학에 대한 물음에 최고의 중요성을 두었다.

중세의 견해는 16세기 및 17세기에 근본적인 변화를 일으켰다. 유기적이고 생명체적이며 정신적인 우주의 기본 개념은 기계론적 세계관으로 대치되었으며, 이 기계론적 세계관이 현대의 지배적 사상이 된 것이다. 이 발전은 코페르니쿠스(Copernicus), 갈릴레이(Galilei) 및 뉴턴(Newton)의 업적으로 결실된 물리학과 천문학의 혁명적 변화로 이룩되었다. 17세기의 과학은 프란시스 베이컨(Francis Bacon)이 강력히 주장한 새로운 탐구 방법에 기반을 두고 있는데, 그 새로운 방법에는 자연의 수학적 기술과 데카르트의 천재로 발상된 추리 방법이 내포되어 있다. 이러한 광범위한 변화를 초래한 과학의 결정적인 역할을 감안하여 사학자들은 16, 17세기를 과학 혁명 시대라고 불렀다.

(F. 카프라, 『새로운 과학과 문명의 전환』에서)

문 다음 중 이 글에서 유추해 볼 수 있는 사실과 거리가 먼 것은 어느 것일까요?

ㄱ) 16, 17세기 이전의 과학과 이후의 과학에는 커다란 차이가 있다.

ㄴ) 16세기 이전 유럽을 지배한 세계관은 아리스토텔레스와 교회의 권위에 절대적으로 의존했다.

ㄷ) 중세 시대의 과학은 기계론적인 세계관의 기초 위에 세워졌다.

ㄹ) 코페르니쿠스, 갈릴레이, 뉴턴을 거치면서 기계론적 세계관이 자리잡게 되었다.

ㅁ) 프란시스 베이컨은 자연을 탐구하고 기술하는 새로운 방법을 주장했다.

답 기계론적인 세계관이 나타난 것은 중세 이후의 일입니다. 따라서 정답은 ㄷ)입니다.

● **좀더 알아봅시다**

과학 혁명의 선두 주자는 코페르니쿠스입니다. 그가 얼마나 큰 영향을 끼쳤는가는 '코페르니쿠스적 전환'이란 표현이 생겨난 것만 해도 충분히 짐작하고도 남습니다. 또한 혁명(revolution)이란 말도 코페르니쿠스의 저서 『천구의 회전에 관하여』의 '회전'이란 말에서 유래되었다고 합니다.

자연 속의 수

― 자연 과학이란 ―

 이야기

수와 자연의 오묘함에 관한 두 이야기를 생각해 봅시다.

자연계에는 여러 가지의 수가 존재합니다.

예를 들면 만 원짜리 지폐의 10,000, 전 세계 인구 50억의 5,000,000,000, 은하의 전체 별의 수 1천억의 100,000,000,000 등등……

이러한 수 중에는 일(1)에 영(0)을 39개나 붙인 수가 있습니다. 그야말로 엄청나게 큰 수가 아닐 수 없습니다. 그런데 이 수는 현재 우주의 나이와 일치합니다.

그러나 우리는 '우주의 나이＝일(1)에 영(0)을 39개 붙인 수'라고 말할 수는 없습니다. 왜냐하면 우주는 팽창하면서 늙어 가고 있기 때문입니다.

두번째 이야기는 이렇게 이어집니다.

일(1)에 영(0)을 39개 붙인 수와 우주의 나이와 깊은 관계가 있다면, 일(1)에 영(0)을 39개 붙인 수와 일(1)에 영(0)을 39개 붙인 수를 곱한 수, 즉 일(1)에 영(0)을 78개(39개＋39개) 붙인 수를 생각해 볼 수 있을 겁니다. 이 거대한 수는 우주의 나이를 제곱한 수입니다.

이 수는 우주에 존재하는 모든 입자들의 수와 깊은 관련을

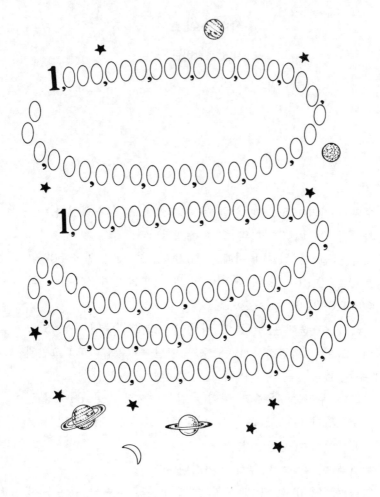

갖고 있습니다. 다시 말하면 우주에 존재하는 총 입자들의
수와 같습니다. 그러니 다음의 한 가지 사실만은 확실할 것
입니다.

　우주는 계속 팽창하면서 나이를 먹어 가고 있으니 우주에
존재하는 총 입자 수 또한 우주 나이의 제곱에 비례해서 증가

해 나가야만 할 것입니다. 구체적으로 말하면 우주에는 새로운 물질이 계속 만들어져야만 한다는 것입니다.

이 두 이야기에서의 수와 우주의 근원적인 문제 사이에 무언가 깊은 관련이 있다는 것은 알 수 있지만 그것이 정확히 무엇인지는 알 수 없습니다. 현재의 과학 수준이 이를 해결해 주지 못하고 있기 때문이지요. 참 안타까운 일이 아닐 수 없습니다.

분명히 이것들 사이에는 우리가 아직 밝혀 내지 못한 신비로운 연관 관계가 존재할 것입니다.

인간은 그 끊임없는 탐구심으로 멀지 않은 미래에 이것을 틀림없이 밝혀 내고야 말 것입니다.

 사고하기

과학(science)은 '알다'를 뜻하는 라틴어 Scientia에서 유래된 말입니다.

그렇다면 과학이란 무엇일까요? 과학의 어원이 '알다'라는 뜻에서 기원했다고 해서 과학을 단순히 '알아 가는 일'이라고만 생각해서는 안 될 것입니다. 과학에는 그 이상의 숨은 뜻이 담겨 있기 때문입니다. 과학을 한마디로 규정짓기는 어렵지만 대부분의 사람들이 '이러이러한 것이 과학이다'라고 공통적으로 동의하는 측면이 있습니다.

'과학이란 자연에 대한 정보를 얻을 수 있는 일련의 끊임없는 탐구 과정과 그 과정에 참여한 사람들의 노력에 의해서 이루어진 지식 체계입니다. 즉 다시 말하면 지식의 종류, 탐구하는 실험적 과정, 그 과정에 기여한 사람들의 노력'이 그것입니다.

과학에는 과학을 구성하는 몇 가지 요소가 있습니다. 즉 과학적 지식, 그 지식을 이루는 방법이나 과정, 그 지식의 과정 및 방법을 사용하는 인간, 이 세 가지가 과학을 구성하는 주 요소라고 볼 수 있습니다.

여기에서 언급한 세 가지 요소 중 어느 한 가지만으로는 과학을 올바르게 정의할 수 없습니다. 이것은 마치 모래로만 집을 짓겠다는 생각과 다르지 않다고 볼 수 있습니다. 튼튼한 집을 짓기 위해서는 모래뿐만 아니라 시멘트와 벽돌이 필요하듯이, 과학이 제대로 되기 위해서도 여러 가지 구성 요소가 함께 어우러져야만 하는 것입니다.

그럼에도 불구하고 과학적 지식 그 자체만을 과학이라고 생각하는 사람들이 많이 있습니다. 그러나 거듭 강조하듯이 과학의 본질을 깊이 있게 이해하기 위해서는 과학적 지식 그 자체만이 아니라 그것이 이루어지기까지의 형성 과정과 방법 및 그것을 사용하는 과정과 방법도 함께 생각해야만 합니다.

과학의 방법과 지식이 만들어지는 과정은 매우 다양합니다. 이것은 과학을 만들어 내는 주체가 인간이기 때문이지요.

주어진 여러 방법과 과정 중에서 어떤 것을 선택하느냐는 것은 그것을 책임지고 있는 사람에 전적으로 의존하게 될 것입니다. 그러므로 그 사람이 어느 정도의 과학적 지식을 가지고 있느냐, 그것에 대해서 어떤 반응을 나타내느냐 하는 것은 과학적 지식의 형성에 큰 영향을 미치게 될 것입니다. 즉 과학을 어떻게 인식하고 있느냐에 따라서 과학 그 자체에 커다란 영향을 줄 수 있습니다.

그렇다면 과학하는 사람은 어떤 정신을 가지고 과학을 대해

야만 할까요? 이것에 대해서도 정답은 있을 수 없습니다. 그
렇지만 과학의 정신이라고 볼 수 있는 공통된 가치는 있습니
다.

    (1) 모든 현상에 대해서 의심할 줄 알고 질문할 줄 알아야
        만 합니다.

    (2) 보충해 줄 수 있거나 설명해 줄 수 있는 자료를 수집하
        고 그것으로부터 의미를 찾으려고 노력해야만 합니다.

    (3) 알려 하고 이해하려고 해야만 합니다.

    (4) 문제 해결을 위해서 창의적인 발상을 만들어 내려고 노
        력해야만 합니다.

    (5) 합리성에 바탕을 둔 논리적인 생각으로 결론을 이끌어
        내도록 해야만 합니다.

  지금까지 간략하게나마 과학의 정의에 대해서 알아보았습니
다. 그러면 종교나 기술은 과학과 어떻게 다를까요? 아마 이
것에 대한 답을 찾아가다 보면 과학을 이해하는 데 큰 도움이
되리라 생각합니다.

  종교는 자연 현상의 원인과 결과를 교리에 따라서 설명하고
해석하려고 합니다. 그러니 여기에서는 많은 설명이 있을 수
없는 것이지요.

  그러나 과학은 그렇지 않습니다. 과학은 하나의 현상에 대
해서 그것이 완전히 체계화되기 전까지는 여러 가지 설명이
있기를 바랍니다. 그러고는 그 중에서 가장 합당하다고 생각
되는 것을 골라서 과학의 발전에 이용하는 것이지요.

  바로 이 점이 종교와 과학의 큰 차이점입니다. 그렇지만 이
것이 종교와 과학의 가치를 재는 잣대가 될 수는 없습니다.
종교와 과학은 모두 그 나름대로의 색채가 있는 것이고 과학

적 이론만이 항상 절대적으로 옳은 것은 아니기 때문이지요.

종교는 정신적인 세계를 다루고 있지만 과학은 물질적인 세계를 취급하고 있습니다. 이것이 바로 종교와 과학을 구분하는 가치 기준의 잣대가 될 수 있는 것입니다. 좀더 구체적으로 말하면 목적론적인 입장에서 정신적인 측면에 강조를 두는 것이 종교이고 기계론적인 입장에서 물질적인 측면에 강조를 두는 것이 과학입니다.

고도로 전문화되어 있는 오늘날의 사회에서는 과학과 기술을 혼동해서 사용하기도 합니다. 그러나 과학과 기술은 엄연히 다른 것입니다. 기술은 과학이 응용된 것이라고 볼 수 있

습니다.

과학의 최대 목적은 자연의 근원적인 신비를 찾는 것입니다. 반면에 기술은 지금 당장의 문제를 해결할 수 있는 것이어야만 합니다. 따라서 기술은 실제적인 기능이라고 볼 수 있습니다.

예를 하나 들어볼까요?

암에 걸린 환자가 있다고 합시다. 이 때 이 환자의 암 종양을 외과적으로 수술해서 제거해 낸다든가 아니면 방사선 치료를 해서 우선 환자의 상태가 악화되는 것을 막아야만 할 것입니다. 이것이 기술입니다.

그렇다면 과학은 무엇일까요? 암 유전자의 실체를 밝혀 내어 근원적으로 암을 퇴치할 수 있는 방법을 알아내는 것입니다.

이 예에서도 알 수 있듯이 과학은 지금 당장의 문제 해결에 역점을 두지 않고 보다 근본적인 의문을 파헤치기 위해 학문적 지식을 축적해 나가는 데 초점을 맞추고 있습니다.

모든 일에는 반드시 목적이 있습니다. 과학을 하는 데에도 목적이 있을 것입니다. 그렇다면 과학을 하는 목적은 무엇일까요?

한마디로 말해 자연 현상을 설명하고, 이해하고, 그로부터 얻어진 결과를 가지고 어떤 현상을 예측하고 통제하는 데 있다고 할 수 있습니다.

좀더 구체적으로 말하면 과학의 목적은 다음과 같습니다.

(1) 자연의 현상과 그 현상의 과정을 발견하고 이해함으로써 체계적으로 과학 지식을 축적해 나가야만 합니다.
(2) 자연 현상의 근본 원인을 파헤쳐서 설명해야만 합니다.
(3) 유사한 자연 현상을 검증된 과학 지식을 이용해서 단순

한 원리로 통합·설명할 수 있어야 합니다.

 탐구하기

 다음은 어떤 질문에 대해 한 과학자가 답한 것입니다. 그러면 그 질문으로 가장 타당한 것은 어느 것일까요?

물리학의 문제는 현재 더 어렵고 그 당시와 같이 급속한 발전을 하리라는 희망은 없습니다. 흥분이란 이급 학생이 일급 성과를 낼 수 있는 것과 같이 급속한 발전을 하리라는 희망과 결부되어 있습니다. 그러나 쉬운 기본적 문제들은 이제 다 해결되었습니다. 남은 것들은 어렵고 우리가 이것들을 다루기 위한 적합한 기본 개념들을 얻을 수 있을 것 같지 않습니다.
(폴 벅클리, 「물리학의 근본 문제들」에서)

ㄱ) 소립자 물리학의 발전에 결실이 있다고 보십니까?
ㄴ) 소립자란 그 자체로는 기본적인 것, 또는 구식 언어를 빌려 '우주의 구성 요소'가 아니라고 말할 수 있을까요?
ㄷ) 과거 이십 년, 삼십 년대에 물리학에서 봤던 것과 같은 흥분이 오늘날에도 있다고 보십니까?
ㄹ) 상대론의 양자화는 대부분의 사람들에게 극복하기 어려운 문제로 보입니다. 이것은 당신이 연구해 온 분야이지요?
ㅁ) 당신이 낸 논문은 대칭의 아름다움을 잘 나타낸 것으로 여겨져 왔는데, 당신은 미의 개념에서 영향을 받았습니

까?

답 과학자는, 쉬운 문제는 이미 해결이 다 되었고 앞으로 남은 문제는 어렵다라고 말하고 있습니다. 이러한 대답이 나올 수 있는 질문은 ㄷ)이 될 수 있을 것입니다.

문 과학자의 위와 같은 대답에 질문자가 다시 질문한다면 어떤 질문이 적절할까요?

ㄱ) 물리학 전체를 순전히 논리화하는 것이 가능한가요?

ㄴ) 개념과 관계만을 이용하여 단순성을 얻을 수 있을까요?

ㄷ) 만약 컴퓨터나 어떤 기계가 살아 있다는 것을 확인하려면 어떻게 해야 할까요?

ㄹ) 유추가 그 경우에 있어서 큰 효력을 발휘한다고 말할 수는 없겠죠?

ㅁ) 하지만 적어도 어떤 의미에서 그 문제들은 현행 이론의 발전과 여전히 관련되어 있지 않을까요?

답 과학자가 강조하기 위하여 위의 대답 끝에 한마디 덧붙인다면 이런 말을 덧붙일 수 있을 것입니다.

"이 문제들이 전혀 새로운 개념들을 필요로 할 가능성이 아주 높고 사실 확실히 그렇습니다. 그렇지 않다면 이미 다 발견되었을 겁니다."

과학자의 단언적인 이런 말에 질문자는 원래의 질문을 다시 한 번 되짚어 보고 싶어할 것입니다. 그래서 정답은 ㅁ)이 됩니다.

● **좀더 알아봅시다**

과학은 통상 다음의 두 가지 방향으로 연구가 이루어집니다.

(1) 이미 경험한 사실들을 기초로 하여 새로운 지식을 얻는다.

(2) 지금까지 밝혀진 지식이나 불충분했던 것을 보다 엄밀하게 체계적으로 보완한다.

위에서 (1)을 좁은 의미에서의 과학 연구 방법이라고 하면 (2)는 넓은 의미에서의 통괄적인 과학 연구 방법이 될 것입니다.

누구든지 경험에 의해서 얼마간의 지식을 가지고는 있습니다. 하지만 이러한 상식적인 지식이나 단편적인 지식을 과학적 지식이라고 말할 수는 없습니다. 적어도 그것이 과학적 지식이 되기 위해서는 다음과 같은 요건들을 충족시켜야만 할 것입니다.

(1) 일정한 논리 방법에 따라서 체계가 서야 한다.

(2) 일정한 목적과 방법에 따라서 합리적으로 얻어져야 한다.

(3) 얻어진 지식들 사이에 서로 모순됨이 없어야 한다.

이상에서 과학적 지식이 되기 위해서는 논리적, 방법적, 체계적, 통일적이어야 한다는 사실을 알 수 있습니다.

열 개의 아라비아 숫자

— 과학과 수학 —

 이야기

고대 그리스 시대에는 수학이 급속히 발전했습니다. 그러나 고대 로마 제국이 수학을 기피하여 더 이상의 발전을 하지 못하고 정체하게 되었습니다.

그러다가 세계 4대 문명 발상지의 한 곳인 인더스 강 유역에 살던 사람들에 의해서 수학이 놀랍게 발전하게 되었습니다. 그 당시 인도에는 신분 제도가 엄격했기 때문에 아무나 학문을 배울 수 없었습니다. 학문을 배우고 즐길 수 있었던 계층은 상류층으로서 여기에는 최고 계급인 승려들과 왕족들이 포함되었습니다.

특히 인도의 승려들은 최고 계급으로 온갖 권세와 부귀를 누렸습니다. 따라서 이들은 시간적으로 여유가 있었는데 이렇게 남는 시간을 별, 태양, 달 등 천체를 관찰하는 데 썼습니다. 그런데 천문학을 연구하려면 수학이 필요합니다. 이렇게 해서 고대 인도에서는 수학이 활발하게 연구되기 시작한 것입니다.

고대 그리스 사람들이 수학 그 자체를 위해서 수학을 연구하였다면, 고대 인도인들은 필요에 의해서 수학을 연구한 것입니다.

　고대 그리스에 비해 고대 인도에서는 훨씬 수학이 발전했습
니다. 무엇 때문이었을까요?

　이것은 바로 숫자 때문입니다.

　고대 그리스 사람들이 수를 간단하게 표현할 수 있는 기호
를 갖지 못했던 반면 고대 인도 사람들은 수를 쉽게 표현할
수 있는 기호를 소유하고 있었던 것입니다. 오늘날 아라비아
숫자라고 부르는 숫자 체계가 이 때 만들어진 것입니다.

　아라비아 숫자가 발명되기 이전 유럽 사람들은 로마 숫자를 사용하고 있었습니다. 로마 숫자는 숫자를 나타내는 데 불편한 점이 많은 숫자 기호 체계입니다. 그렇지만 아라비아 숫자는 아무리 어렵고 복잡한 수일지라도 아주 간단하게 표현할 수 있습니다.

이 새로운 숫자 표기 방식의 유럽 전래는 유럽의 문명 발전에 크게 기여하게 됩니다.

단지 10개의 아라비아 숫자를 사용해서 모든 수를 쉽게 표시할 수 있게 됨으로써 덧셈, 뺄셈, 곱셈, 그리고 나눗셈은 물론이려니와 이것보다 더 복잡한 수학적인 계산도 쉽게 해결할 수 있게 되었기 때문입니다.

결과적으로 아라비아 숫자는 인류 문화 발전에 크게 기여한 것입니다.

 사고하기

일반적으로 과학은 다음과 같이 분류됩니다.

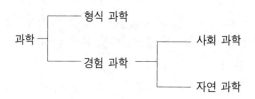

형식 과학은 사고 과정에 관계되는 논리의 형식을 주요 취급 대상으로 삼는 과학입니다. 여기에는 타당한 논리에 주된 관심을 갖는 논리학이나 수의 개념과 수학적 엄밀성에 주된 관심을 갖는 순수 수학이 속합니다. 형식 과학은 오로지 사고의 과정 그 자체만을 중요시하기 때문에, 그것으로부터 도출된 결론과 주장의 옳고 그름은 그것이 논리적으로 타당한 사고 과정을 통해 도출되었는지 아닌지에 따라 결정됩니다.

경험 과학은 주위 환경으로부터 경험할 수 있는 현상과 사실을 대상으로 취급하는 학문입니다. 경험 과학은 다시 그것이 취급하는 대상이 무엇이냐에 따라서 사회 과학과 자연 과학으로 분류됩니다.

사회 과학은 인간이 경험할 수 있는 사회 문화적인 여러 현상과 사실을 취급하는 학문의 영역으로서 여기에는 사회학, 정치학, 경제학 등이 포함됩니다.

자연 과학은 인간이 경험하고 느낄 수 있는 자연계의 여러 현상과 사실에 주된 관심을 갖는 학문입니다. 이것은 물질의 근원적 문제와 그의 운동을 다루는 물리학, 물질의 조성을 취급하는 화학, 생명체와 그의 생명 활동에 관심을 갖는 생물학, 천체와 지구의 현상을 연구하는 지구 과학으로 나누어집니다.

앞의 분류에서도 알 수 있는 것처럼 자연 과학과 수학은 다른 영역에 포함됩니다. 그럼에도 불구하고 수학을 과학의 한 영역으로 보아도 전혀 어색하지 않습니다. 과학과 수학이 매우 긴밀한 관계를 유지하고 있기 때문입니다.

과학과 수학이 밀접한 관계를 맺게 된 유래는 고대 그리스 시대로까지 거슬러 올라갑니다.

피타고라스는 눈에 보이는 모든 실체란 자연에 나타나는 수학적 조화이기 때문에 우주의 근본적인 실체를 찾아내기 위해서는 수학적 조화에 대한 지식을 이용해야만 한다고 주장했습니다. 즉 그는 우주 그 자체를 수학적으로 나타내려고 노력했

216

던 것입니다.

플라톤은 우주에는 다섯 가지의 궁극적인 물질이 다섯 개의 서로 다른 정다면체로 이루어져 있다고 생각하고 우주를 구성하고 있는 수학적 형태를 발견하고자 노력했습니다.

그 후 중세를 거쳐 근대로 넘어오면서 과학과 수학은 떼려야 뗄 수 없는 관계를 지속하게 됩니다. 예를 들면 과학 혁명의 불을 당긴 코페르니쿠스의 지동설도 수학적인 지식을 이용한 것이며, 케플러의 태양계 행성에 관한 법칙 또한 수학적 규칙성에 근거를 두고 만들어진 것입니다. 갈릴레이의 역학 법칙과 뉴턴의 역학 법칙도 예외가 아닙니다.

현대에 들어와서 수학의 과학에 대한 기여도는 말로 표현할 수 없을 정도입니다. 수학이 없는 현대 과학은 존재할 수 없습니다.

 탐구하기

(가) 가정해서 몇천 년 전의 옛날로 우리들의 상상의 눈을 돌려, 그러한 고대 사회의 가장 뛰어난 지성인일지라도 그가 얼마나 단순하였는가를 한번 살펴보도록 하자. 우리들에게는 직각적(直覺的)으로 명백한 추상 관념도 그들에게는 그저 막연하게 이해되었을 것이라고 믿어진다. 가령 수의 문제를 그 보기로 들어 보자. 우리는 '다섯'이라는 수를 생각할 때, 다섯 마리의 물고기, 다섯 명의 어린이, 다섯 개의 사과, 다섯 날(日) 등 어떠한 사물에도 그 집합에 이 수가 적용된다고 생각한다. 그래서 '다섯'이라는 수의 '셋'이라는 수에 대한 관계를 생각할 때, 다섯 개로 된 것과 셋으로 된 두 집합을 생

각한다. 이 때 우리는 어떤 특수한 존재나 또는 어떤 특수한 종류의 존재가 어떻게 두 집합의 성분으로 구성되는가라는 고찰을 완전히 사상(捨象)함으로써 분리시키고 있다.

(나) 즉 각 집합에 소속하는 어떤 한 성분의 개체적 본질에서 완전히 떠난 두 집합의 상호 관계를 생각할 뿐이다. 이것은 실로 주목할 만한 추상화의 미묘한 작용이다. 인류가 여기까지 도달하는 데는 수천 년이 걸렸음에 틀림없다. 오랫동안 물고기의 몇 집합은 그 다수성에 관해서 서로 비교되고, 또 날의 몇 집합에 대해서도 마찬가지로 서로 비교되었을 것이다. 그러나 일곱 마리의 물고기를 이루는 하나의 집합과 일곱 날을 이루는 하나의 집합 사이에 유사점이 있음을 맨 처음으로 깨달은 사람이 사상사에 주목할 만한 약진을 가져오게 한 사람일 것이다.

(다) 근대에 이르러 눈부시게 발전한 '순수 수학(純粹數學)'은 인간 정신의 가장 독창적인 창조적 소산으로 인정하도록 요구해도 좋을 것이다. 그와 같은 승인을 요구할 또 하나는 음악을 들 수 있다. 그러나 우리는 이러한 경쟁 상대를 모두 접어 두고, 오로지 수학 자신이 그러한 연구를 할 수 있는 근거가 어디에 있는지를 고찰해 보려고 한다.

(라) 수학의 독창성은 다음과 같은 사실에 있다. 즉 인간이성의 활동을 떠나서는 지극히 불분명해지는 사물간의 제 관계가 수리 과학(數理科學)에서는 분명해진다는 사실이다. 이처럼 현대 수학자들의 머리 속에 있는 관념들은 감관(感官)을 통한 지각으로부터 직접 끌어낸 어떠한 개념과도 다분히 거리가 멀다. 다만 사전에 수학의 지식을 통해서 자극되고 인도를 받는 지각의 경우는 예외가 된다. 이상의 문제에 대해 나는

지금부터 예증을 들어 보려고 한다.

(화이트헤드, 『과학과 근대 세계』에서)

문 위의 글을 논리성 있게 재배열시켜 보세요.

ㄱ) (가)-(다)-(나)-(라)
ㄴ) (나)-(가)-(다)-(라)
ㄷ) (나)-(다)-(라)-(가)
ㄹ) (다)-(라)-(가)-(나)
ㅁ) (라)-(다)-(나)-(가)

답 (다)는 '…고찰해 보려고 한다.'는 대전제가 깔려 있으므로 맨 처음 나와야 할 것입니다. 그리고 '…예증을 들어 보려고 한다.'는 소전제가 이어져야 하므로 (라)가 와야 할 것입니다. 그 다음으로는 예가 들어서야 할 것이므로 '다섯'이라는 수에 대한 예의 글인 (가)가 올 것이고 마지막으로 (나)가 와야 할 것입니다. 따라서 정답은 ㄹ)입니다.

문 이 글이 어떤 글 속의 일부분이라고 할 때 그 글의 제목으로서 가장 적당한 것은 어느 것일까요?

ㄱ) 천재의 시대
ㄴ) 사상사의 한 요소로서의 수학
ㄷ) 프랑스 혁명 당시의 수학자
ㄹ) 현대 수학의 추상성
ㅁ) 수학이 과학에 미친 영향

답 인용한 이 글의 첫 문장과 마지막 문장에는 이것이 수학과 인류 사상사의 관계를 다룬 글이란 사실을 알 수 있게 해줍니다. 그래서 정답은 ㄴ)이 적당합니다.

● **좀더 알아봅시다**

수학은 굉장히 추상성이 강한 학문입니다. 이것은 여러 예에서 쉽게 알아볼 수 있지만 '차원'이란 것 하나만 봐도 알 수 있습니다.

4차원에는 '시간'이란 개념이 들어갑니다. 물리적으로 4차원에 '시간'이란 개념 하나를 도입해 내는 데 큰 힘이 들었습니다. 그것도 아인슈타인이 겨우겨우 해냈습니다. 만약 그가 하지 못했더라면 4차원의 어렴풋한 실체나마 아직까지 모르고 있었을지도 모릅니다.

하지만 수학에서는 이걸 별로 대수롭지 않게 간주합니다. 3차원에는 3개의 성분이 있으니, 4차원에는 4개의 성분이 있을 것이라 생각하고 현실적으로는 요원하기까지 한 5차원의 세계, 심지어는 9차원의 세계까지도 생각합니다. 그것이 우리의 자연 현상과 어떤 관계를 가지는지는 전혀 생각지 않으면서 말입니다.

탄광에 고인 물을 퍼내야 할텐데
— 과학과 기술 —

 이야기

16, 17세기에 접어들자 그 때까지 산업 발전의 원동력이었던 땔나무가 점점 모자라게 되었습니다. 그래서 나무 대신 석탄이 사용되기 시작했습니다.

석탄의 사용은 그 당시 공업의 중심을 탄광 지대로 옮겨 가게 했습니다. 석탄에 대한 수요가 하루가 다르게 늘어나자 탄광 갱도의 깊이는 그에 따라서 더욱더 깊어져만 갔습니다.

이렇게 되자 심각한 문제가 발생하게 되었습니다. 즉 탄광 갱도에 고인 물을 밖으로 퍼내는 문제가 커다란 골칫거리로 등장했던 것입니다.

처음에는 광산에 고인 물을 퍼내기 위해서 값싼 노동력을 이용했습니다. 예를 들면 쇠사슬에 묶인 통으로 물을 길어 올리는 방법 등을 사용했습니다.

그렇지만 이 방법도 한계를 드러냈습니다. 갱도가 깊어지자 사람의 힘으로 물을 퍼 올리기 어렵게 된 것입니다. 이렇게 되자 물통을 끌어올릴 수 있는 새로운 동력 장치가 절대적으로 필요해졌습니다. 그런데 그 당시 가장 일반적으로 사용되는 동력 장치는 말이었습니다. 16세기 중엽 독일의 광산에서는 펌프를 작동시키기 위한 동력원으로서 말 93마리를 이용했

고, 17세기 영국에서는 말 500마리를 사용했습니다.

　18세기 초 증기의 압력을 열성적으로 연구하던 뉴커먼에 의해서 증기 기관이 처음으로 만들어지게 되었습니다. 이 기관은 열을 힘으로 전환시키는 세계 최초의 대규모 기계였습니다.

뉴커먼의 장치는 크게 실린더와 피스톤으로 구성되어 있는데, 진공과 대기압의 관계를 적절히 이용해 물을 뽑아 올리도록 고안되어 있었습니다. 다시 말하면 열을 이용하지 않고 대기압에 의한 기계적인 힘을 이용한 것입니다. 따라서 뉴커먼의 장치에서는 그 당시 빈번하게 일어났던 보일러의 폭발 사고가 일어나지 않았습니다.

이것은 18세기 초부터 영국의 탄광 지역에 설치되었는데 이 장치의 우수성이 알려지자 이웃의 여러 국가에서도 곧바로 사용하기 시작했습니다.

뉴커먼에 의해서 만들어진 동력 장치는 18세기 산업 혁명에 불을 당기는 역할을 한 것으로 높이 평가되고 있습니다.

 사고하기

과학과 기술의 관계는 상호 보완적인 관계라고 할 수 있습니다. 과학이 기술에게 이론을 제공하고 새로운 기술의 필요성과 기술 발전의 계기를 만들어 주면 기술은 이전보다 더 발전되고, 이렇게 발전된 기술은 다시 과학의 발전에 이바지하기 때문입니다.

예를 들면 고대인의 물질에 대한 시각은 연금술을 발달시켰고, 이것은 다시 화학 발전의 밑거름이 되지 않았습니까? 뿐만 아니라 지구 중심설의 우주관은 갈릴레이에게 망원경을 만들 필요성을 절실히 느끼게 하였으며, 이로부터 오늘날의 천체 물리학이 만들어지지 않았습니까? 또한 미시 세계의 연구는 현미경의 발달을 촉진시켰으며, 전자 현미경이 만들어진 오늘날 이것은 유전자의 구조를 밝혀 내는 데 결정적인 역할을 하지 않습니까?

이렇듯 지식 수준이 높아짐에 따라 좀더 확장된 세계의 신비를 알려는 인간의 욕망을 채워 주기 위해서 과학 기술은 발전되어 온 것입니다.

과학과 기술의 상호 보완적인 관계는 지금 이 순간에도 계속되고 있습니다. 하나의 예를 들어 볼까요?

전자기학의 발전은 전자 기술을 발달시켰으며, 전자 기술의 발달은 고체 물리학의 발전에 기여해 트랜지스터나 반도체의 고집적 기술을 가능하게 하였습니다. 이런 추세는 지금도 계속되어 성능이 뛰어난 반도체를 만들어 내고 있는데, 멀지 않은 장래에 생각하는 로봇이나 신경망 회로를 갖춘 컴퓨터를 만들어 내게 될 것입니다.

과학과 기술의 이런 관계는 시간이 흐를수록 점점 고도화되면서 그 규모 또한 방대해졌습니다. 이렇게 되자 부수적으로 뒤따르는 매우 절박한 문제가 발생하는데 그것은 돈 문제입니다. 실험 연구 계획에 천문학적인 돈이 소요되자 한 국가의 경제력에만 의지할 수 없는 단계에까지 이르게 된 것입니다.

이렇게 되자 유럽 국가들은 연구비와 연구 인력을 공동으로 투자해 가면서 가속기를 통해 물리학의 최첨단 연구를 계속해 오고 있습니다.

그러나 미국은 '우주의 근원적인 문제'를 밝혀 내겠다고 큰소리치면서 추진해 온 초거대 가속기(SSC) 개발 계획을 엄청난 자금 때문에 결국 포기하고야 말았습니다. 결국 돈이 '우주의 근원적인 문제'를 밝혀 내려는 과학자들의 꿈을 짓밟아 버린 셈이죠.

과학과 기술이 한 사람에 의해서 발전하던 시대는 끝났습니다. 앞으로는 지구상의 모든 국가가 힘을 합쳐 함께 연구해 가지 않으면 진정한 과학 기술의 발전을 기대하기 어려울 것입니다.

역사를 돌이켜 보면 과학과 기술의 발달은 한 사람 한 사람의 생활은 물론이고 국가의 경제, 문화, 국방, 외교 등에 큰 영향을 미쳐 왔습니다. 그리고 현대 과학과 그에 따른 첨단 기술은 이런 양상을 더욱 부채질할 것입니다.

 탐구하기

오늘날 과학과 기술은 아주 밀접한 관련을 가지고 있다. 어떤 기술 분야의 발전을 위해서는 관련된 과학 분야의 발전이 필요하고, 기술에 종사하기 위해서는 해당 분야의 과학 지식의 습득이 필수적이다. 심지어는 '과학'과 '기술'이라는 말이 합쳐져서 '과학 기술'이라는 말이 한 단어처럼 사용되기까지 한다. 그러나 역사상 과학과 기술 사이에 항상 이 같은 밀접한 관련이 있었던 것은 아니다. 실제로 고대 이래 과학 혁명기에 이르기까지 과학과 기술은 아무런 관련이 없이 분리된 채로 내려왔다.

그것도 그러했을 것이, 사실 과학과 기술은 서로 크게 다른 종류의 활동이다. 한마디로 과학이 자연 현상에 대한 체계적 지식을 추구한다면, 기술은 인간의 물질 생활에 도움이 될 방편을 추구한다. 그리고 이 같은 추구의 차이에 따라 이 두 분야에서의 활동도 크게 차이가 난다. 과학자들은 복잡한 현상들이 보편적이고 잘 받아들여진 체계에 담겨질 수 있다는 믿음을 지니며, 그 같은 믿음에 바탕해서 현상을 분석하고 그에 대한 합리적인 설명을 부여한다. 그들의 설명은 일관성, 합리성, 정확성, 체계성 등을 추구한다. 그들은 자신들의 연구 결과를 발표하고, 다른 과학자들에게 정보를 제공하며, 그들의 비판도 구한다. 그리고 그들에게는 실제적 효용이나 일반 대중의 인정이 아니라, 동료 과학자들의 인정이 중요하다. 이에 반해 기술자들은 부과된 문제를 풀어내는 것이 중요하며, 기술적 발전의 평가에 있어 일관성·합리성 등의 척도는 문제가 되지 않는다. 또한 기술자들은 새로운 기술적 지식을 오히려 감추며, 특허(patent)와 같은 제도를 통해서 다른 사람이 사용하는 것을 막으려 한다.

과학과 기술 사이의 이러한 차이에 따라 이 둘이 각각 사회에서 지니게 되는 위치에도 차이가 났다. 과학이 대학, 지식층, 부유층 등 사회의 상층에 속한 데 반해, 기술은 실제 생산 활동에 종사하는 낮은 계층의 분야였던 것이다. 따라서 역사상 기술의 발전은 전통적으로 교육받지 않은 장인들의 업적이었다. (   )

(김영식, 박성래, 송상용, 『과학사』에서)

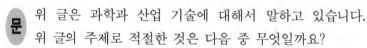 위 글은 과학과 산업 기술에 대해서 말하고 있습니다. 위 글의 주제로 적절한 것은 다음 중 무엇일까요?

ㄱ) 인류 역사에서 과학과 기술 사이에는 항상 밀접한 관련이 있어 왔다.

ㄴ) 과학과 기술 사이의 관계가 재정립된 것은 인간이 신을 배척하면서부터이다.

ㄷ) 과학은 인간의 물질 생활, 기술은 자연 현상에 대한 지

식과 관련이 있다.

ㄹ) 기술자는 특허를 통해 새로운 기술을 독차지하려 한다.

ㅁ) 역사상 과학자와 기술자는 모두 상류 계급이었다.

답 과학과 기술이 관련을 맺기 시작한 것은 과학 혁명기 이후이며, 기술은 인간의 물질 생활, 과학은 자연 현상에 대한 지식과 관련이 있고, 과학자는 상류 계급, 기술자는 하류 계급이었습니다. 따라서 정답은 ㄹ)입니다.

문 글의 흐름상 이 글의 마지막 (   ) 부분에 들어가기에 가장 적당한 말은 어느 것일까요?

ㄱ) 한편 이 시기 동안에 과학과 기술이 이처럼 분리되어 있지 않았더라도 이 시기의 과학과 기술의 수준과 성격 때문에 둘 사이의 상호 작용은 불가능했으리라고 볼 수 있다.

ㄴ) 그러나 이들 사실들은 그에 대한 과학적 이해가 없이도 계속해서 실제 기술에서 이용되어 왔다.

ㄷ) 이렇게 분리되어 있던 과학과 기술이 서로 연결되기 시작한 것은 과학 혁명기에 이르러서였다.

ㄹ) 물론 17세기부터도 과학자들이 실제 응용이 가능한 유용한 지식이나 힌트를 제시하는 일은 있었다.

ㅁ) 고대 이래 산업 혁명기에 이르기까지의 크고 작은 기술적 업적은 모두 그 발명가들이 있지 않다는 사실이 이를 뒷받침해 준다.

답 이 글의 마지막 부분에서 글쓴이는 기술자들이 전통적으로 교육받지 못한 장인들임을 강조하고 있습니다. 그러므로 (   )에는 역사상 이름이 알려지지 않은 장인들에 의한 발명이 많다는 사실을 강조하는 내용이 들어가는 게 합당하겠죠. 따라서 정답은 ㅁ)입니다.

● 좀더 알아봅시다

이 글의 '사고하기' 부분에서 '초거대 가속기'라는 말을 언급했습니다. 가속기란 말 그대로 가속시키는 장치를 말합니다. 무엇을 가속시키느냐구요? 입자입니다.

물질을 계속 자르면 원자, 원자핵을 거쳐 소립자에까지 이르게 되는데 이 소립자들을 깨뜨리기 위하여 입자를 가속시키는 장치가 바로 가속기입니다.

물리학자들이 가속기를 만들어 소립자를 깨뜨려 보려는 이유는 물질의 가장 작은 존재가 무엇인지를 알아내려는 데 있습니다. 그러나 그 효과는 여기에서 그치지 않습니다.

태초의 우주는 아주 작은 것이 '뻥' 하고 대폭발을 한 후 만들어졌다고 합니다. 이 때 수많은 소립자들이 군웅 할거했는데 이 당시, 즉 우주 초창기의 상황을 알기 위하여 소립자를 깨뜨려 보는 것이지요.

근대 과학을 완성시킨 사람들
— 자연 과학을 어떻게 할 것인가 —

 이야기

우리가 여러 차례에 걸쳐서 알아보았듯이 아리스토텔레스의 과학 사상은 오랫동안 인류의 과학 사상을 대표할 정도로 권위가 있었습니다. 천 년 이상 그 누구의 어떤 사상도 감히 이것에 대항할 수는 없었습니다.

그러다가 16세기에서 18세기에 걸쳐 나타나는 몇몇 사람의 새로운 사상에 의해서 아리스토텔레스의 사상도 그 오랜 역사적 권위가 무너지게 되었습니다. 이 기간 동안 아리스토텔레스 사상의 그늘로부터 인류를 빠져 나오게 하는 데 공헌한 사람으로는 대략 네 사람을 들 수 있습니다. 베이컨, 갈릴레이, 데카르트, 뉴턴이 그들입니다.

이들의 사상은 모두 아리스토텔레스의 과학 사상에 반기를 들었다는 점에서 공통점을 갖고 있습니다. 그렇지만 각자가 표방하는 내용은 다릅니다.

● 베이컨
베이컨은 학문의 연구는 경험에 바탕을 두어야 하며 그 경험들 중에서 공통된 요소를 찾아내야만 한다고 주장했습니다. 이것이 바로 귀납적인 추리, 즉 귀납법입니다.

　하지만 베이컨이 귀납적인 방법을 만들어 낸 최초의 사람은
아닙니다. 귀납적인 방법은 이미 고대 그리스 시대의 자연 철
학자들에 의해서 이루어졌기 때문입니다. 그러나 베이컨은 추
상적인 것이 아닌 실제적인 것을 찾는 데 귀납적인 방법을 이
용했습니다. 이것이 베이컨의 뛰어난 점이며 그를 귀납법의
대표자로 인정하게 한 것입니다.
　베이컨은 특별한 사실에서 일반적인 사실로 발전해 나가는
과정으로 귀납법을 정립해 나가면서 실험에 기초한 관찰 지식

과 공상에 근거한 이론 지식을 구별했습니다.

그렇지만 베이컨은 형식화에 너무 집착했는데, 이것이 그의 가장 큰 단점으로 지적받고 있습니다.

● 갈릴레이

갈릴레이는 실험 정신을 높게 추구한 인물이었습니다. 장인들과 함께 여러 번에 걸쳐서 이야기를 나눈 경험은 그의 과학하는 방법에 깊이 영향을 끼쳤습니다.

그는 관찰과 경험에 의하지 않은 자연 연구 방법은 무의미하다고 생각했기 때문에 자신이 직접 만든 망원경을 사용해서 천문 현상을 연구하기도 했습니다.

실험적인 측면과 이론적인 측면이 함께 나아가야만 한다고 역설한 갈릴레이가 소중하게 여겼던 것은 최고의 논리성과 엄밀성을 갖춘 수학이었습니다.

그는 수학적 지식을 이용해서 여러 자연 현상을 엄밀하게 밝혀 놓았습니다. 가령 물체가 날아가면서 그리는 곡선의 운동 같은 것이 그러한 예입니다. 이것이 그를 근대 역학의 창시자로 불리게 하는 점입니다.

● 데카르트

베이컨이 귀납적인 방법을 이용했던 것과는 달리 데카르트는 연역적인 방법을 사용했습니다.

데카르트는 먼저 모든 것을 회의해야만 한다고 생각했는데 그의 이러한 사상은 다음의 유명한 말에 잘 나타나 있습니다.

"나는 생각한다. 고로 나는 존재한다."

그는 여기에 단서를 붙였습니다. 모든 것을 다 의심할 수는

있다 할지라도 의심하는 주체인 나 자신과 의심한다는 사실
그 자체까지 의심할 수는 없다는 것이었습니다.

그는 명확하고 완전 무결하게 자연을 이해하기 위해서는 수
학이라는 도구를 이용해야만 한다고 주장하면서 물체의 운동
을 수학적으로 엄밀하게 나타낼 수 있다면 그 물체의 운동은
운동 그 자체일 뿐 어떠한 목적도 존재할 수 없다고 믿었습니
다. 이렇게 해서 데카르트는 목적론을 배격하고 기계론을 신
봉하는 인물로 부각되게 된 것입니다.

그의 기계론적인 사상은 그 후 근대 과학뿐만 아니라 근대
라는 사회 그 자체를 만들어 내는 데도 결정적인 역할을 했습
니다.

● 뉴턴

오랫동안의 장막을 걷고 마침내 탄생된 기계론은 뉴턴에 의
해서 그 체계가 완성됩니다.

근대 과학을 완성시킨 뉴턴은 자신의 모든 연구에 기계론적
인 사상을 심도 있게 적용시켰습니다. 빛의 연구, 만유 인력
의 연구, 물체의 낙하 운동, 태양계 행성의 운동, 행성 주위
를 도는 위성의 운동, 조석의 운동 등 그가 이룬 방대한 모든
연구에 기계론적인 사상이 깊이 담겨 있습니다.

뉴턴의 사상이 인류에게 오랫동안 강력하게 영향을 미친 이
유는, 그의 사상의 근간을 이룬 강력한 기계론적인 사상이 그
후의 과학 사상과 서구 문명 사회를 지배했기 때문입니다.

사고하기

자연 현상을 과학적으로 이해하기 위해서는 논리적 사고 방식을 배워야 합니다.

여기에서는 논리적인 사고의 방법인 추리에 대해 살펴보려고 합니다.

하나 또는 그 이상의 명제로부터 다른 하나의 명제를 이끌어 내는 절차를 추리라고 합니다.

추리는 크게 간접 추리와 직접 추리로 나누어집니다.

직접 추리란 단 한 개의 전제로부터 결론을 직접적으로 이끌어 내는 추리 방법입니다. 예를 들면 다음과 같습니다.

전제 : 에너지는 파괴되거나 창조될 수 없다.
결론 : 이런 이유로 제1종의 영구 기관은 만들 수 없다.

간접 추리란 두 개나 또는 그 이상의 명제를 전제로 하여 새로운 결론을 이끌어 내는 추리 방법입니다.

간접 추리는 진리를 증명하는 방식에 따라서 연역 추리(연역법)와 귀납 추리(귀납법)로 나누어집니다.

합리적인 공리를 연역적으로 추리해 내기 위해서는 수학과 논리학이 함께 어우러져야만 합니다. 한마디로 말해 수학과 논리학의 발달 없이는 과학의 발전 또한 이루어질 수가 없습니다.

이에 비해 귀납법은 과학의 실험적 방법이라고 할 수 있는 추리입니다. 즉 연구 대상을 관찰하고 실험한 후 이로부터 일반적 법칙을 얻어내는 법칙입니다.

수학이나 논리학과 같은 형식 과학을 제외한 모든 과학은 실험을 필수적으로 요구합니다. 여러분도 다 알고 있다시피 물리학, 화학, 생물학, 지질학 그 어느 것도 실험이 요구되지 않는 것은 없습니다.

연역법은 사고의 방법이고 귀납법은 실험의 방법이지만, 과학에서 실험과 사고는 항상 병행되어야 하기 때문에 이 두 방법은 별개의 것이 아닙니다. 즉 이 두 방법은 동전의 양면과 같다고 할 수 있습니다.

흔히들 연역법은 일반적인 원리에서 특수한 사실을 이끌어 내는 추리 방법, 귀납법은 특수한 사실에서 일반적인 원리를 유도해 내는 방법이라고 합니다.

그러면 연역법과 귀납법에 대해서 좀더 구체적으로 살펴보도록 합시다.

연역법은 적어도 두 가지의 전제(대전제, 소전제)와 한 가지의 결론으로 구성되어 있습니다. 이런 이유로 이것을 삼단논법이라고도 부르는데 일반적인 형태는 다음과 같습니다.

대전제 : 모든 A는 B이다.
소전제 : 모든 C는 A이다.
결론 : 모든 C는 B이다.

구체적으로 예를 들면 다음과 같습니다.

대전제 : 모든 동물은 죽는다.
소전제 : 모든 인간은 동물이다.
결론 : 고로 모든 인간은 죽는다.

이처럼 삼단 논법에는 세 개의 개념이 들어가게 됩니다. 위에서 세 개의 개념은 인간, 동물, 죽음이 되겠지요.

이 중에서 포함 범위가 가장 넓은 것은 죽음이라고 볼 수 있습니다. 이것을 대개념이라고 합니다. 여기에서는 B로 나타나 있습니다. 포함 범위가 가장 좁은 것은 인간이라고 볼 수 있습니다. 이것을 소개념이라고 합니다. 여기에서는 C로 표시되어 있습니다. 동물은 포함 범위가 대개념과 소개념의 중간이 되므로 중개념 또는 매개념이라고도 부릅니다.

지금까지 알아본 삼단 논법은 단순한 것이었습니다. 그러나 실제 사용되는 삼단 논법은 그렇게 단순하지만은 않습니다. 즉 복합적인 삼단 논법이 많이 이용됩니다.

그렇다고 복합 삼단 논법이 단순 삼단 논법과 아주 동떨어져 있는 것은 아닙니다. 복합 삼단 논법은 단순 삼단 논법에 하나의 삼단 논법을 더 붙인 것이라 생각하면 됩니다. 예를 들면 다음과 같습니다.

· 모든 인간은 죽는다. (대전제)
· 모든 천재는 인간이다. (소전제)
· 고로 모든 천재는 죽는다. (결론이면서 대전제)
· 아인슈타인은 천재이다. (소전제)
· 고로 아인슈타인도 죽는다. (결론)

그리고 복합 삼단 논법에는 결론이 생략된 채 전제들만이 연이어져 최종 결론을 이끌어 내는 연쇄식 복합 삼단 논법도 있습니다. 예를 들면 다음과 같습니다.

A→B 모든 독재 정치는 민주적이지 못하다.

B→C 모든 민주적이지 못한 정치는 불안정하다.

C→D 불안정한 정치는 무력을 좋아한다.

D→E 무력을 좋아하는 정치는 국민으로부터 외면당한다.

A→E 고로 모든 독재 정치는 국민으로부터 외면당한다.

귀납 추리도 연역 추리와 그 구성에 있어서만은 같다고 할 수 있습니다. 즉 귀납 추리도 대전제, 소전제, 결론의 구조를 갖고 있습니다.

그러나 이 둘 사이의 추리 과정에는 분명한 차이점이 존재하는데 그 차이점이 무엇인지 예를 통해서 알아보도록 합시다.

· 모든 이성적인 판단을 할 수 있는 것들은 언어의 기능을 갖고 있다.(1)
· 인간은 이성적인 것이다.(2)
· 그러므로 인간은 언어의 기능을 갖고 있다.(3)

이것은 연역 추리의 과정입니다. 즉 (1)은 대전제, (2)는 소전제, (3)은 결론의 형식을 띤 연역 추리 과정입니다.

이것을 귀납 추리 과정에서는 어떻게 이끌어 낼까요?

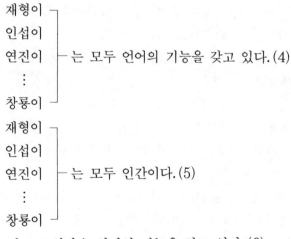

그러므로 인간은 언어의 기능을 갖고 있다.(6)

이 과정의 (4)는 대전제, (5)는 소전제, (6)은 결론입니다.
귀납 추리에는 유비 추리와 귀납적 일반화가 있습니다.

유비 추리는 유사성에 의한 추리로서 일명 유추라고도 하는
데 절대적 확실성을 갖지 못하는 방법입니다. 그리하여 '타당
하다, 타당하지 못하다'와 같은 형식을 취할 수 없고, '가능
성이 있다'와 같은 형식을 취할 수 있습니다. 일반적인 형태
는 다음과 같습니다

· 가, 나, 다, 라, 마는 모두 A와 B의 두 성질을 가지고
  있다.
· 가, 나, 다, 라는 C의 성질도 가지고 있다.
· '마'도 C의 성질을 가질 가능성이 있을 것이다.

유추에 의해서 다음과 같은 결과를 이끌어 낼 수는 없을까
요?

· 지구는 태양 둘레를 공전하면서 자전하고 있다.
· 전자도 원자핵 주위를 회전하고 있다.
· 그렇다면 전자도 자전할 가능성이 있지 않을까?

그럴듯해 보인다구요?

그럴듯해 보이는 것이 아니라 그렇습니다. 이것은 이미 오
래 전에 밝혀진 사실이기 때문입니다. 좀더 구체적으로 말하
면 전자가 자전한다는 사실은 1925년 울렌벡과 하우트스미트
에 의해서 밝혀졌습니다.

전자의 자전을 스핀이라고 하는데 이것은 $+1/2$과 $-1/2$의
두 값을 가지고 있으며, 이것으로 주양자수니, 부양자수니 하
는 것들이 만들어지는 것입니다.

　이미 검증된 몇 개의 개별적인 사실들로부터 보편적이거나 일반적인 명제를 유도해 내는 방법을 귀납적 일반화라고 하는데 다음과 같은 일반적인 구조를 가지고 있습니다.

　· 자연 현상 '가' 로부터 발발된 예 1은 결과 '나'를 수반

한다.
· 자연 현상 '가'로부터 발발된 예 2는 결과 '나'를 수반
한다.
· 자연 현상 '가'로부터 발발된 예 3은 결과 '나'를 수반
한다.
⋮
· 그러므로 자연 현상 '가'로부터 발발된 모든 예는 반드
시 결과 '나'를 수반한다.

　인간의 행위뿐만 아니라 역사적 현상이나 자연 현상을 포함
한 모든 세계의 만상이 목적에 의하여 규정되고 지배된다고
보는 견해를 목적론이라고 합니다.
　이에 반해 모든 사상을 기계적 운동으로 환원하여 설명하려
고 하는 견해를 기계론이라고 합니다. 오늘날의 과학이 추구
하고 있는 견해가 바로 객관적으로 사실의 발생이나 그 법칙
을 해명하는 기계론입니다.

반대를 위한 반대
— 과학을 하는 태도 —

 이야기

상대성 이론의 창시자 아인슈타인.

20세기가 낳은 최고의 천재 아인슈타인.

  ⋮

아인슈타인의 이름에는 항상 화려한 수식어가 붙어 그의 위대성을 한층 빛내 줍니다.

이렇게 위대한 아인슈타인도 자신이 인정하지 않는 이론에 대해서는 극단적으로 반대하면서 절대 받아들이지 않았습니다.

그 중 하나가 양자 이론인데, 양자 이론은 오늘날 가장 완벽한 이론으로 간주되며, 상대성 이론과 더불어 현대 과학에서 쌍벽을 이루는 이론입니다.

20세기 현대 물리학을 떠받치고 있는 두 봉우리 중 하나인 상대성 이론을 만들어 낸 사람이, 또 하나의 봉우리인 양자 이론을 거부했다는 것은 정말 이상한 일이 아닐 수 없습니다.

물론 양자 이론이 매우 비상식적인 내용을 포함하고 있는 것은 사실입니다. 그렇지만 상대성 이론도 이에 못지 않게 비상식적인 내용을 포함하고 있습니다.

아인슈타인 자신도 처음에 상대성 이론을 발표했을 때 이

이론이 극히 비상식적이라는 사실 때문에 굉장히 애를 먹었다는 사실을 생각해 본다면 이것은 정말 안타까운 일이 아닐 수 없습니다.

"개구리가 올챙이 적 생각 못한다"는 속담이 있듯이 아인슈타인이 올챙이 시절을 잊었다고나 할까요?

한 번은 아인슈타인이 양자 이론이 옳다고 주장하는 학자와 양자 이론의 핵심 내용에 관해서 심각한 토론을 벌이고 있었습니다. 이 때 아인슈타인은 양자 이론으로부터 사소한 약점이라도 발견해 내려고 끙끙대고 있었습니다. 이런 모습을 옆에서 애처롭게 지켜보던 그의 친구는 참다 못해 말했습니다.

"여보게, 아인슈타인! 나는 자네한테 정말 실망했네. 상대성 이론에 대해서 그렇게 미친 듯이 반대했던 몰지각한 사람들처럼, 자네도 양자 이론에 대해서 무턱대고 반대하고 있지 않은가?"

 사고하기

우리는 이 글을 통해 여러 가지를 생각해 보아야만 합니다. 그 당시의 시대적 배경이나 상황, 그리고 그 밖의 여러 측면과 관계가 있긴 하지만, 우선 아인슈타인의 인간적인 측면을 약간이나마 엿볼 수 있습니다.

'아인슈타인이 천재이기는 하지만 그도 인간임에는 틀림없구나!'

그렇다고 여기에서 아인슈타인이라는 과학자의 개인적인 인간성에 대해서 살펴보고자 하는 것이 아닙니다. 단지 과학하는 사람이 자연 현상을 탐구할 때 어떤 자세를 가져야 하는지 알아보기 위해 그의 예를 든 것뿐입니다.

넓은 의미로 과학은 인간의 문화적 행위입니다. 인간의 행위는 인간성의 본질에 따라서 실천적, 정서적, 탐구적 행위로 크게 나눌 수 있습니다. 이 중에서 실천적 행위는 도덕이나 종교와 같은 문화를 창조했고, 정서적 행위는 예술을 탄생시켰으며, 탐구적 행위는 과학을 낳았습니다.

이것들은 개별적으로 무관하게 성장 발전해 온 것이 아니라 항상 서로에게 영향을 주고받으며 협력의 관계를 유지해 왔습니다. 단지 어떤 것을 좀더 주된 대상으로 하느냐에 따라서 그 분야가 달라진 것입니다. 즉 인간의 문화적 행위는 한편으로는 서로 도우며 또 한편으로는 독립성을 유지하면서 발전해 온 것입니다.

그러면 우리의 과학하는 태도는 어떠해야 할까요?

과학을 탐구하는 사람들이 지녀야 할 자세에는 여러 가지가 있을 수 있겠으나 여기에서는 세 가지로 나누어서 생각해 보려고 합니다.

첫째, 객관적인 입장에서 탐구할 줄 알아야 합니다. 과학을 할 때 가장 위험한 것은 주관입니다. 자연 현상을 관찰하고 탐구하면서 개인이나 단체의 이익이나 감정, 종교적인 선입관을 앞세워서는 안 됩니다. 이런 태도는 결코 과학하는 사람의 올바른 자세가 될 수 없습니다. 주관적인 편견이나 선입관을 버리고 냉정하게 자연 현상을 탐구할 때 자연은 진리의 문을 활짝 열어 주게 되는 것입니다.

둘째, 애매 모호한 태도를 취해서는 안 됩니다. 과학은 불확실한 것에 대해서는 냉혹합니다. 과학을 탐구하는 데 그 무엇보다 절실히 요구되는 것은 정확함과 정밀함입니다.

셋째, 자연 현상들 사이에 작용하는 일관된 법칙을 발견해 내려는 자세가 필요합니다. 그러기 위해서는 예민한 감각, 냉철한 분석력, 명석한 두뇌, 논리적 사고력 등과 함께 끈질긴 인내심이 절실히 요구됩니다.

과학하는 사람의 이런 자세를 보고 삭막하다느니, 융통성이 없다느니 하는 식의 말을 하는 사람들도 있습니다. 하지만 이것은 어디까지나 자연의 진리를 탐구하기 위한 과학자들의 자세이지 과학자의 인간적인 측면은 아닙니다.

대부분의 과학자는 인간을 사랑할 줄 알고 자연을 찬양할 줄 아는 사람입니다. 따뜻한 정과 사랑을 간직하고 있는 사람, 인류애로 충만된 사람이 과학자입니다.

만약 자연을 사랑하지 않는다면 어떻게 그토록 열성적으로

244

자연의 신비를 파헤칠 수 있겠습니까?

그런데 안타까운 일이 한 가지 있습니다. 그것은 위대한 과학적 성과가 일부 정치인이나 군인들에 의해 나쁜 목적에 사용되기도 한다는 것입니다. 원자 폭탄을 좋아하는 것은 위정자들이지 결코 과학자가 아닙니다.

원자 폭탄을 예언한 아인슈타인이나 그 계획에 참여한 수많은 과학자들은 원자 폭탄의 위험성에 대해서 알리려고 노력했습니다.

그러나 일부 정치인이나 군인들은 그것을 무시해 버렸습니다. 단지 정치적·군사적인 목적을 위해서 말입니다.

 탐구하기

1945년 8월 6일 오후 칼 비르츠가 내게 오더니 일본의 히로시마라는 도시에 원자 폭탄이 투하되었다는 소식을 막 라디오에서 발표하였다고 말했다. 나는 이 보도를 우선 믿고 싶지 않았다. 원자 폭탄 제조를 위해서는 아마 수십억 달러에 달하는 막대한 기술 개발 비용이 필요하다고 확신하고 있었기 때문이었다. 또 심리학적으로도 내가 잘 알고 있는 미국의 원자물리학자들이 이 프로젝트를 위하여 그렇게 전력을 투입하였다고는 믿어지지 않았다. 그래서 나는 선전용으로 생각되는 아나운서의 말보다는 나를 신문하던 미국 물리학자를 더 믿고 싶은 마음이었다. 그리고 '우라늄'이라는 말이 방송에는 나오지 않았다고 들었기 때문에 '원자 폭탄'이라는 말이 무엇인가 다른 것을 뜻하고 있는 것이 아닐까 하는 생각마저 들었다. 그러나 그 날 밤 라디오에서 거기 소요되었던 막대한 기술출

자에 대한 뉴스 해설자의 설명을 듣고서 나는 25년이라는 긴 세월을 통하여 우리가 심혈을 기울이던 원자 물리학의 발전이 지금 10만 명을 훨씬 넘는 인간의 죽음의 원인이 될 수밖에 없었다는 엄연한 사실과 직면하지 않을 수 없었다.

물론 오토 한이 가장 깊은 충격을 받았다. 우라늄 핵분열은 그의 가장 큰 중대한 과학적 발견이었고, 아무도 예상할 수 없었던 원자 기술론의 결정적인 제일보였던 것이다. 그런데 이 제일보가 바로 지금 대도시와 그 주민들에게—대부분은 전쟁에 대하여 아무 책임이 없고 무장도 하지 않은 그 많은 사람들에게—무서운 종말을 가져온 결과가 된 것이었다. 오토 한은 너무나 놀라고 당황하면서 자기 방으로 들어가 버렸다. 우리는 그가 혹시 자살을 기도하는 것이나 아닐까하고 걱정이 될 정도였다. 한 이외의 사람들은 그 날 밤에 흥분하여 경솔한 말들을 서로 퍼부은 것으로 생각된다. 우리는 다음날 아침에야 비로소 생각을 정리할 수 있었고, 일어난 사건을 심각하게 고찰할 수 있게 되었다.

(하이젠베르크, 『부분과 전체』에서)

1. 위의 글을 읽고 과학자의 사회적 책임에 대해서 생각해 봅시다. (논술 연습)
2. 위의 글을 읽고 정치와 과학의 상관 관계에 대해서 생각해 봅시다. (논술 연습)

제2차 세계 대전 중 미국이 일본에 투하한 원자 폭탄은 두 개였습니다. 하나는 1945년 8월 6일 일본 히로시마에 투하한 것이었고 또 하나는 8월 9일 나가사키에 투하한 것이었습니다.

일본 히로시마에는 'Little Boy'라는 별명을 가진 우라늄 235의 원자 폭탄이 투하되었고, 나가사키에는 'Fatman'이라는 별명을 가진 플루토늄 239의 원자 폭탄이 투하되었습니다.

이 두 개의 원자 폭탄 투하 결과 히로시마에서는 7만 명 사망, 13만 명 부상, 그리고 완전히 연소되거나 파손된 가옥 6만 2천 호, 부분적으로 불타거나 파손된 가옥 1만 호, 10만 명의 이재민이 발생했으며, 나가사키에서는 사망 2만 명, 부상 5만 명, 완전 연소 또는 파괴된 가옥 2만 호, 부분적으로 불타거나 파손된 가옥 2만 5천 호, 이재민 10만 명이 발생했습니다.

왜 점심 시간이 없나요
— 양자 택일식 교육 방식 —

대학에서는 자신의 의지만 있으면 자신이 배우고 싶은 모든 과목을 얼마든지 배울 수 있습니다. 물론 신입생도 선배들의 전공 과목을 배울 수 있습니다.

한 학생이 비록 정식 수강이 아닌 청강이었지만 전공 과목을 듣고 있습니다. 이 학생은 고등 학교 시절 과학에 너무나도 큰 매력을 느꼈습니다. 그래서 이 학생은 흔히들 '배고픈 비인기 학과'라고 불리는 물리학과를 주위의 만류에도 아랑곳하지 않고 선택하게 되었습니다.

그리고 또한 이러한 사실이 이 학생으로 하여금 과감하게 전공 과목의 강의실을 드나들도록 만들었습니다.

교수의 강의는 그야말로 명강의였습니다. 이 학생은 교수의 강의에 귀를 쫑긋 세우고 한마디라도 놓칠세라 열심히 듣고 기록했습니다.

그러나 이 학생은 자신의 마음 한구석에 개운치 않은 그 무엇이 남아 있음을 느꼈습니다. 왜냐하면 교수는 강의를 하면서 어떤 문제에 대해서도 그것의 확실한 정답이 무엇인지를 전혀 얘기해 주지 않았기 때문입니다.

국민 학교 때부터 정답만 찾아가는 선택식 공부에 익숙해 있던 이 학생은 매우 답답하기만 했습니다.

우리 나라의 학생들은 국민 학교, 중학교, 그리고 고등 학교에서 너무나도 얽매인 생활을 하고 있습니다.

우리는 부모님, 선생님, 선배들로부터 '공부해라', '공부

열심히 해서 좋은 대학에 가라' …… 등등의 말을 매일 듣다시
피 합니다.

그런 절박한 상황은 우리에게 약간의 여유나 휴식마저도 허
락하지 않습니다. 그리고 심지어는 교과서나 참고서 이외의
교양 도서를 보거나, 친구들과 토론하는 것조차 시간 낭비로
규정되어 버리곤 했습니다.

이러한 상황 속에서는 자유로운 행동은 고사하고 독창적이
고 창의적인 생각조차 할 수 없는 것은 불을 보듯 뻔합니다.

독창성, 창조성, 논리적 사고력과 관계없이 오로지 열심히
외우고 높은 점수 받아서 '일류 대학'에 진학하면 그것으로
목표는 달성되는 것이었습니다. 매우 불행한 일이 아닐 수 없
습니다.

이런 사실을 뻔히 알면서도 우리는 이를 거부할 수 없습니
다. 현실이 그런데, 현실에 적응하지 못하면 사회적으로 낙오
자가 되는데 누가 섣불리 거부할 수 있겠습니까?

그런데 문제는 그 다음부터가 더 심각하다고 할 수 있습니
다. 그렇게 교육받은 우리의 선배들을 보세요. 주어진 환경에
잘 적응하고, 주어진 일만 열심히 하면 능력을 인정받고 출세
할 수 있었지요. 교육이 과연 이처럼 출세를 위해 존재해야
하는 것일까요? 과연 이렇게 수동적인 인간을 길러 내는 것이
교육일까요?

대학에 들어가면 매우 당혹스러운 일이 두 가지 있습니다.
하나는 점심 시간이 없다는 것이고, 또 하나는 선생님이 교
실로 찾아와 주지 않는다는 것입니다.

대학에 점심 시간이 없다는 것은 중·고등 학교 때와 같이

확정된 점심 시간이 없다는 것입니다. 즉 대학에서는 중·고등 학교 시절 4교시가 끝나면 반드시 주어졌던 50분이라는 점심 시간이 없다는 사실입니다.

만약 수업 시간이 1교시부터 7교시까지 연속으로 꽉차 있을 경우, 학생은 수업 시간의 쉬는 틈을 이용해서 요령껏 밥을 먹거나 굶거나 해야 합니다.

그런데 수동적인 틀 속에서 자라온 학생이 수업 시간 중 울지 않는다고 누가 보장할 수 있겠습니까?

"선생님, 점심 시간이 없어서 밥 못 먹었어요."

중·고등 학교 때에는 선생님이 교실로 찾아와 주지만 대학에서는 그러지 않습니다. 즉 대학에서는 학생 스스로 수업이 진행될 강의실로 뛰어다녀야만 합니다.

그러니 눈물을 닦으면서 집으로 들어오는 학생이 없으리라고 누가 단언할 수 있겠습니까?

"너, 왜 우니? 이렇게 일찍 온 것을 보니 어디 아픈 게 틀림없구나."

"엄마, 나 아프지 않아요."

"그럼 왜 우니?"

"1교시 수업이 끝나고 그 자리에 계속 앉아 있는데 아무리 기다려도 선생님도 안 들어오시고 학생들도 어디 갔는지 하나도 안 보이더라구요. 그래서 그냥 집으로 왔어요."

이 두 이야기는 굉장히 어처구니없어 보이는 이야기입니다. 그러나 이런 상황이 일어나지 말라는 법은 없습니다. 아니 이런 학생이 여기저기에서 부지기수로 나타날지도 모릅니다.

인간도 어려서부터 밀림 속에서 원숭이와 함께 키우면 원숭이와 똑같은 행동을 한답니다.

내 아이가 어떻게 원숭이의 행동을 할 수 있느냐구요?

내 아이만은 결코 원숭이가 되지 않을 것이라구요?

내 아이만은, 내 아이만은…….

'나만은 죽지 않고 영원히 살아야지' 하고 울부짖으면서 불로초를 찾아다녔던 진시황도 끝내는 자연의 섭리에 굴복하고야 말지 않았습니까?

내 아이만은, 내 아이만은, 정말 내 아이만은 아끼고 사랑한다면, 자기만 알고 남이 해주는 것만 받아 먹을 줄 아는 왕자병이나 공주병에 걸린 불구자로 내 아이만은 만들지 말아야 할 것입니다.

완전하다고는 할 수 없지만 그래도 이전보다는 상당히 호전된 교육적 분위기가 만들어져 가고 있는 것 같습니다. 즉 어느 정도의 창조성과 논리성을 요구하는 시대적 분위기가 서서히 자리잡혀 가고 있는 것 같습니다.

참으로 기쁘고 바람직스러운 일이 아닐 수 없습니다.

풋내기 지식을 가지고서 한 글자, 한 문장, 한 이야기씩 써나가면서 힘도 겨웠고 지식의 모자람도 느끼고 무례한 말도 서슴지 않으면서 3권 분량의 책을 마무리짓습니다.

'내가 쓴 글에 대해서는 책임을 지겠다는 생각 아래' 열심히 노력했습니다.

아무쪼록 이 책이 여러분의 밝은 미래에 조금이나마 도움이 될 수 있었으면 합니다.

부록

과학사 연표

기원전

5000년	이집트와 메소포타미아에 최초의 도시 문명이 일어나다.
4200년	이집트인, 태양력(1년은 365일)을 만들다.
3500년	파피루스를 사용하기 시작하다.
3000년	점성술이 유행함에 따라 천체 관측술이 발달하다.
2500년	피라미드가 건설되기 시작하다.
2200년	바빌로니아의 수학과 천문학을 기록한 찰흙판이 나타나다. 여기에는 10진법과 60진법을 섞어 쓴 기수법과 원둘레의 360° 분할 같은 수학 지식이 포함되어 있다.
1550년	이집트의 의학 지식을 담은 파피루스와 수학 지식을 담은 파피루스가 나타나다.
600년	탈레스를 비롯한 이오니아 학파가 흥하다. 탈레스, 호박의 마찰 전기 현상을 서술하다.
540년	피타고라스, 수학을 발달시키다.
470년	히포크라테스, 고대 의학의 기반을 닦다.
460년	데모크리토스, 고대 원자론을 제창하다.
400년	플라톤 학파, 지구 중심설을 제창하다.
340년	아리스토텔레스, 학원을 열어 아리스토텔레스의 자연학을 이룩하다.
310년	유클레이데스(유클리드), 고대 기하학을 완성하다.
300년	아리스타코라스, 태양 중심설을 주창하다.
240년	에라토스테네스, 지구가 둥글다는 사실을 알아 낸 다음 지구 둘레의 길이를 측정하다.
230년	아르키메데스, 역학 분야에 지대한 공헌을 하다.
100년	연금술이 고대 알렉산드리아에서 일어나다.

기원

140년	프톨레마이오스, 지구 중심설을 완성시켜 중세 코페르니쿠스가 나오기까지 유럽 사회에 막대한 영향을 끼치다.
740년	아라비아인들 사이에 연금술이 유행하다.

1252년	알폰소 성표 간행되다.
1260년	실험 과학의 선구자 로저 베이컨, 아리스토텔레스 사상을 지지하는 중세의 학파와 대결하여 광학, 천문학, 화학, 지리학 등에 선구적인 업적을 남기다.
1300년	이탈리아에서 항해용 나침반이 발명되다.
1400년	화약에 의한 화포 기술이 발달하다.
1450년	구텐베르크, 활자 인쇄술 발명하여 지식 보급이 수월해지다. 그리고 이 때부터 지리상의 발견이 시작되다.
1492년	콜럼버스, 신대륙 발견
1500년	레오나르도 다 빈치, 예술적 활동뿐만 아니라 역학, 응용 역학, 기계학, 군사 기술, 토목 공학, 항공학, 생물학, 해부학 등 과학의 전반 분야에 걸쳐서 근대 과학의 선구 자적인 업적을 남기다.
1519년	마젤란, 세계 일주 항해 성공하다.
1520년	파라셀수스, 의료 화학의 문을 열다.
1543년	코페르니쿠스의 「천체의 회전에 대하여」가 발표되어 태양 중심의 우주관이 확립되고 근대 천문학이 시작되다. 베살리우스의 『인체의 구조에 대하여』가 출판되어 그릇된 의학 지식이 붕괴되다.
1546년	이탈리아의 학자에 의해서 3차 방정식의 일반적인 해법이 발견되다.
1556년	아그리콜라의 『광산에 대하여』가 출판되어 근대 기술의 선구적인 저서가 되다.
1560년	이탈리아 나폴리에 최초의 자연 과학 아카데미가 세워지다.
1569년	네덜란드의 학자가 투영도법에 의해서 세계 지도를 완성시켜 근대 지도학의 토대를 닦다.
1576년	티코브라헤, 호벤 섬에 천문대를 세우고 천체 관측을 하다.
1582년	교황 그레고리우스 13세, 그레고리력을 제정하다. 갈릴레이, 흔들이의 등시성을 발견하고 이것을 응용하여 맥박계를 고안하다.
1583년	이탈리아의 체살피노, 식물의 자연 분류를 위한 기초를

닦고 식물 분류학의 선구자적인 업적이라고 볼 수 있는 『식물학』 전 16권을 출간하다.

1589년　　스테빈, '높은 곳에서 동시에 떨어뜨린 물체가 동시에 떨어짐'을 실험적으로 밝히다.

1596년　　케플러, 『우주의 신비』 저술하여 태양 중심설을 지지하다.

1600년　　길버트, 『자석에 관하여』 출간하다. 이즈음 갈릴레이는 탄도학, 축성술, 포사체의 운동, 떨어지는 물체의 운동, 재료의 강도에 관한 연구를 하여 진공 중에서의 떨어지는 물체의 운동 법칙, 진공 탄도가 포물선이라는 사실, 관성의 법칙, 구조물의 역학 법칙 등을 자신의 저서인 『신과학 대화』에서 밝혀 근대 자연 과학의 방법을 구체적으로 제시하다.

1615년　　스넬, 빛의 굴절 법칙을 발견하다.

1620년　　프란시스 베이컨, 『신기관』을 저술하여 근대 자연 과학의 방법을 밝히다.

1636년　　프랑스의 메르센, 근대 음향학에 관한 책을 간행해 판의 진동이나 공명에 관해서 논하다.

1637년　　데카르트, 해석 기하학의 기초를 닦다.

1643년　　토리첼리와 비비아니, 대기압에 대한 실험 후 토리첼리의 진공을 밝히다.

1648년　　파스칼, 고도 변화에 따른 대기압의 변화를 밝히고 파스칼의 법칙을 발견하다.

1654년　　공기 펌프를 발명한 게리케가 마그데부르크의 반구 실험을 공개적으로 실시해 성공을 거두다.

1657년　　호이겐스, 혼들이 시계를 발명하다.

1660년　　보일, 기체의 압력과 체적 및 그 효과에 관한 물리학적이고 역학적인 새로운 실험을 발표하다.

1661년　　보일, 『회의적 화학자』를 간행하고 여기에서 더 분해할 수 없는 궁극적인 성분에 관해 언급하다.

1665년　　훅, 현미경으로 코르크의 세포를 관찰하다. 이탈리아의 그리말디, 빛의 회절 현상을 발표하다.

1666년　　뉴턴, 빛의 분산을 연구하다. 프랑스의 마리오트, 눈의

맹반을 발견하다.

1667년	프랑스, 파리 천문대를 설립하다. 혹, 호흡에 관한 생리 적 연구를 구체적으로 밝히다.
1668년	뉴턴, 최초의 반사 망원경을 만들다.
1669년	뉴턴, 미분 적분학을 발견하고 빛의 입자설을 제창하다.
1670년	이달리아의 보렐리, 모세관 현상을 연구하다.
1673년	레벤후크, 미생물을 발견하고 정자를 연구하다.
1675년	영국에 그리니치 천문대가 설립되다.
1676년	뢰머, 목성의 위성을 이용해서 최초로 빛의 속도를 측정 하다.
1678년	혹, 탄성에 관한 혹의 법칙을 발견하다.
1679년	페르마, 최소 작용의 원리를 발견하다.
1682년	핼리, 핼리 혜성이 주기적으로 운동함을 발견하다.
1684년	라이프니츠, 뉴턴과는 관계없이 독자적으로 미분적분학을 발견하여 현재 미분 적분학에서 사용하고 있는 기호를 창 안하다.
1687년	운동의 기초 법칙, 만유 인력의 법칙 등 뉴턴의 모든 노 력의 결실이 들어 있는 『프린키피아』 간행되다.
1703년	클라지스톤설에 의해서 연소 현상이 설명되다.
1704년	뉴턴, 『광학』을 간행하여 빛의 여러 현상에 관해서 밝히 다.
1714년	파렌하이트, 수은 온도계를 발명하다.
1715년	테일러, 급수에 관한 테일러의 공식을 발표하다.
1727년	브래들리, 빛의 광행차 현상을 알아내다.
1735년	린네, 동식물의 분류법을 확립하다.
1738년	베르누이, 유체 역학에 대한 베르누이 정리를 발견하다. 프랑스, 과학 아카데미에서 소리의 속도를 측정하다.
1744년	오일러, 변분법을 발견하다.
1746년	뮈센부르크, 라이덴병을 발명하다.
1749년	프랭클린, 피뢰침을 발명하다.
1765년	영국의 와트, 뉴커먼의 기관을 개량한 증기 기관을 개발 하다.
1766년	캐번디시, 산소를 발견하다.

1771년   프리스틀리와 셸레, 산소를 발견하다.
1772년   라부아지에, 질량 불변의 법칙을 발견하여 훗날 에너지 보존 법칙의 토대를 닦다.
1780년   갈바니, 동물 전기 현상을 관찰하다.
1781년   허셜에 의해서 천왕성이 발견되다. 캐번디시, 산소와 수소를 이용해서 물을 합성하다.
1785년   쿨롱, 전기의 법칙인 쿨롱의 법칙을 발견하다.
1787년   샤를, 기체 팽창에 관한 샤를의 법칙을 발견하다.
1789년   클라프로트, 우라늄을 발견하다.
1790년   프랑스에서 미터법을 제정하다.
1796년   영국의 제너, 우두 접종법을 발견하여 근대 예방 의학의 창시자가 되다.
1798년   캐번디시, 만유 인력 상수를 측정하다.
1799년   볼타, 전지를 만들다. 영국에서는 왕립 연구소가 창설되다.
1800년   적외선이 발견되다.
1801년   영, 빛의 파동설을 지지하다. 가우스, 행렬에 관한 개념을 창안하다.
1802년   게이 뤼삭, 기체의 법칙을 발견하다.
1803년   돌턴, 근대적인 관점에서의 원자론을 제창하다.
1807년   데이비, 전기 분해에 관한 일련의 실험에 성공하다.
1809년   라마르크, 진화론의 선구적인 업적을 이루다.
1810년   데이비, 염소가 원소임을 발견하다.
1811년   아보가드로, 아보가드로의 가설을 세우다.
1812년   퀴비에, 고생물학의 토대를 닦다.
1816년   프레넬, 빛의 간섭, 회절, 편광에 관한 연구를 성공적으로 이루어 내다.
1818년   베르셀리우스, 원소의 원자량을 측정하여 약 40여 개에 달하는 원소의 원자량 표를 만들다.
1820년   에르스텟, 전류의 자기 작용을 연구하다.
1821년   앙페르, 전기 역학의 기초를 확립하다.
1824년   카르노, 카르노 사이클을 발견하여 열역학의 포문을 열다.

1827년	브라운은 브라운 운동을 발견하고 옴은 전기에 관한 옴의 법칙을 발견하다.
1828년	독일에서 요소의 인공 합성에 성공하다.
1831년	페러데이, 유도 전류 현상을 발견하다.
1833년	페러데이, 전기 분해에 관한 페러데이의 법칙을 발견하다.
1834년	렌쯔, 유도 전류에 의한 렌쯔의 법칙을 발견하다.
1837년	슈반, 위액 속에서 펩신을 추출해 내다.
1839년	슐라이덴과 슈반, 세포설을 확립하다.
1840년	오존이 발견되다. 줄, 전류의 열 작용에 관한 줄의 법칙을 발견하다
1842년	마이어에 의해서 에너지 보존 법칙이 제창되다.
1846년	르베리에 등에 의해서 해왕성의 위치가 예언되고 발견되다.
1847년	헬름홀츠, 에너지 보존 법칙을 확립하다.
1848년	캘빈, 절대 온도의 개념을 확립하다.
1849년	피조, 빛의 속도를 측정하다.
1850년	클라우지우스, 열역학의 법칙을 정립하여 열역학을 확립하다.
1852년	프랭클란드, 원자가의 개념을 확립하다.
1854년	기체의 내부 에너지에 관한 법칙이 발견되다. 파스퇴르, 젖산 부패의 원인이 미생물에 기인한다고 생각하다.
1856년	기체의 분자 운동론이 연구되다.
1857년	가이슬러, 진공 방전관을 발명하다.
1859년	분젠과 키르히호프, 스펙트럼 분석의 토대를 마련하다. 다윈, 『종의 기원』을 간행하여 진화론의 토대를 마련하다.
1864년	맥스웰, 전자기학의 이론을 완성하고 전자파를 예언하다.
1865년	멘델, 유전 법칙을 발견하다. 클라우지우스, 엔트로피의 개념을 이용해서 열역학의 법칙을 설명하다.
1869년	멘델레예프, 원소의 주기율을 발견하다.
1874년	크룩스, 음극선이 음전기 입자임을 밝히다. 스토니, 전기 소량의 개념을 제창하다.
1877년	볼츠만, 열역학 법칙에 대한 통계적인 기초를 세우다.
1878년	마이컬슨과 몰리, 빛의 속도를 매우 정밀하게 측정해 내다.
1881년	코흐, 결핵균을 발견하다.

1884년	발머, 수소 스펙트럼에서의 발머 계열을 발견하다. 코흐, 콜레라균을 발견하다.
1887년	아레니우스, 이온 전리설을 제창하다.
1888년	헤르츠, 전자파의 존재를 실험적으로 증명하다.
1895년	뢴트겐, X선을 발견하다.
1896년	베크렐, 우라늄 광석으로부터 방사능을 발견하다.
1898년	퀴리 부부, 라듐과 폴로늄을 발견하다.
1900년	플랑크, 양자 가설을 제창하다. 드 브리스, 코렌스, 체르막, 멘델의 유전 법칙을 재발견하다. 파블로프, 조건 반사를 연구하다.
1901년	드 브리스, 돌연 변이설을 제안하다. 란트슈타이너, 혈액형을 발견하다.
1902년	러더퍼드와 소디, 방사성 원소의 원자 붕괴설을 제창하다. 성층권과 전리층이 발견되다.
1905년	아인슈타인, 특수 상대성 이론과 빛의 양자 가설을 제창하다.
1909년	밀리컨, 기름 방울의 실험으로부터 전자의 전하량을 측정하다.
1910년	모건, 초파리에 의한 유전 법칙을 실험하다. 동위 원소의 개념이 도입되다.
1911년	러더퍼드, 유핵 원자 모형을 제안하다. 비타민이 명명되다.
1912년	라우에, 결정체에 의한 X선의 회절 현상에 관해서 연구하다.
1913년	보어의 원자 모형이 제안되다. 모즐리, 특정 X선의 파장과 원자 번호의 관계를 실험적으로 이끌어 내다.
1914년	채드윅, 베타 붕괴시 방출되는 전자가 연속 스펙트럼을 가짐을 밝히다.
1915년	아인슈타인, 일반 상대성 이론 발표하다. 프로이트, 정신 분석학 수립하다.
1917년	아인슈타인, 상대론적인 우주론을 제창하다.
1919년	영국의 왕립 천문 학회는 일식 관측대를 파견하여 태양 부근을 지나는 빛이 휘어짐을 확인하여 아인슈타인의 예

언이 옳음을 확인하다. 러더퍼드, 알파 입자에 의한 원자 핵의 인공 변환에 성공하다.

1920년	슈타우딩거, 셀룰로오스와 같은 고분자 화합물에 관한 연구를 활발히 진행하다.
1923년	콤프턴, 콤프턴 효과를 발견하다. 드 브로이, 물질파를 발견하다.
1927년	하이젠베르크는 불확정성 원리를 발표하고 보어는 상보성 원리를 발표하여 양자 역학의 체계가 세워지다. 멀러는 X선을 비추어 인공적으로 돌연변이를 만들어 내다.
1928년	플레밍, 페니실린을 발견하다.
1929년	허블, 은하의 후퇴 거리와 속도에 관한 법칙을 연구하다. 아인슈타인, 통일장 이론을 제출하다.
1930년	명왕성이 발견되다.
1932년	채드윅, 중성자를 발견하다. 앤더슨, 양전자를 발견하다.
1934년	졸리오 퀴리 부부, 인공 방사능을 연구하다.
1935년	유가와 히데키, 중간자를 예언하다.
1938년	한과 슈트라스만, 우라늄의 핵분열 현상을 발견하다. 가모, 별의 진화 이론을 제안하다. 전자현미경이 제작되다.
1939년	페르미, 원자로와 원자 폭탄을 구상하다.
1940년	초우라늄 원소가 발견되기 시작하다.
1942년	항원 항체 반응의 구조 화학적인 연구가 진행되어 현대적인 면역 화학의 길을 열다. 항히스타민제 연구되다.
1943년	페이퍼 크로마토그래피와 같은 새로운 형태의 크로마토그래피 방법이 실용화되다.
1945년	맨해튼 계획에 의해서 원자 폭탄이 만들어지다. 전자 계산기 발명되다.
1948년	팔로마 천문대에 5미터 반사 망원경이 설치되다. 트랜지스터 만들어지다.
1949년	미국 표준국에서 원자 시계 만들어 내다.
1952년	수소 폭탄의 제작과 실험에 성공하다.
1955년	아인슈타인 죽다.
1957년	세계 주요 국가에서 남극에 관측대를 파견하다. 소련 최초의 인공 위성인 스푸트니크 1호 발사하다.

1959년	소련의 루나 2호 달의 뒷면 촬영에 성공하다.
1961년	소련 유인 우주선 보스토크 1호 발사에 성공하다.
1962년	윗슨과 크릭, DNA의 이중 나선 구조를 해명한 공로로 노벨상을 수상하다.
1969년	인간을 태운 우주선 아폴로 11호 달에 착륙한 후 무사히 지구로 귀환하다.
1970년	DNA와 RNA의 인공 합성에 성공하다.
1981년	유인 우주 왕복선인 콜럼비아호의 발사에 성공하다.
1984년	유인 우주 왕복선인 디스커버리호가 고장난 위성을 회수하는 데 성공하다.